問題

Solve problems:
Master in Management

解決了嗎?

讓庸才變天才的管理技術

一位主管想要成功，
必須建立一個作為核心的忠誠工作班底，
他們分擔他對工作的考慮，
提前向他提出警告，有敏銳的意識，
並有能力使他少犯錯誤。

Master in problems
Solve Management

永續圖書線上購物網　讀品文化事業有限公司

WWW.foreverbooks.com.tw　yungjiuh@ms45.hinet.net

全方位學習系列 64

問題解決了嗎？：讓庸才變天才的管理技術

編　　著　安井哲
出 版 者　讀品文化事業有限公司
執行編輯　林美娟
美術編輯　蕭佩玲

總 經 銷　永續圖書有限公司
TEL／(02)86473663
FAX／(02)86473660
劃撥帳號　18669219
地　　址　22103　新北市汐止區大同路三段 194 號 9 樓之 1
TEL／(02)86473663
FAX／(02)86473660
出 版 日　2015年08月

法律顧問　方圓法律事務所　涂成樞律師
CVS代理　美璟文化有限公司
TEL／(02)27239968
FAX／(02)27239668

國家圖書館出版品預行編目資料

問題解決了嗎？：讓庸才變天才的管理技術 /
安井哲 編著. -- 初版.-- 新北市：讀品文化,
民104.08 面；公分. -- (全方位學習系列；64)
ISBN 978-986-453-001-4(平裝)
1.企業領導 2.組織管理
494.2　　104010178

前言

在知識經濟時代，員工的工作積極性和忠誠感是企業最寶貴的資產。任何把員工積極性和忠誠感的來源只有看成金錢或地位等價交換的管理者，都會在或長或短的時間內喪失他所需要的東西。

一個追求增長的企業應當有一個明確的發展策略，這個策略是企業得以吸引人才的一個主要因素。管理者要根據員工的個人特色來指派以相應的工作和職位，管理者根據事業發展計劃來與員工進行及時的交流，聽取他們的意見想法，並對不足之處進行指正。對於表現良好的員工要給以鼓勵同時引導大家向他們學習。而員工則是把企業的發展看成了與自己的前途休戚相關的事情，為此，員工在積極工作的同時，就自己在工作中遇到的問題，以及對公司發展的看法和其它想法，與上級實行無間的交流、回饋。

相反，如果人們對於組織機構的期望不能夠得到回應，決策制定人與一般員工的距離拉遠了，參與感不能夠得到維持；人們發現自己積極、創造性地去工作的態度沒有得到任何支援和理解，一種煩躁伴著不安和失落感充斥著員工的心靈，這時候即便是高薪水的誘惑也失去了威力。

另一方面，一個人才，特別是作為一個優秀人才，自我價值的達到度對他來說十分重要。許多人求職時首先考慮的最重要因素不是金錢，而往往是某項工作是否符合職業長期發展的要求，是否有利於自我進一步提高。國外許多企業深刻地瞭解這一點，因而，對員工的獎勵不是單純的物質刺激，往往將實施新的教育作為重要的內容，最大限度地為員工創造發展的條件。生活和工作的經驗告訴我們：用錢買不到心。一個只為金錢而工作的人不會具有對公司的忠誠感，不具有忠誠感的人就不會盡心為公司做貢獻。

忠誠只能源於工作的樂趣和有效的自我價值表現。人們通常不會從事無法達到自我價值和滿足不了志趣要求的工作。雖然有人因為自己有某種能力或接受某種報酬而從事自己並不喜愛的工作，但是，由於不滿意這項工作，就可能對此產生厭倦感，不再盡力工作，甚至跳槽。

雖然人的工作能力並不完全是由興趣決定的，但人的興趣卻會決定人去喜愛某項工作，也因此產生工作忠誠感，增加敬業精神。一般而言，許多人並不能一下子說清楚自己的志趣，往往是根據他人的期望或勸告而選擇工作。或許有的人選擇阻力最小的職業，或許有的人為了待遇和地位選擇了自己並不喜愛的工作。如果管理人員對此不做仔細觀察和深入瞭解，就不能充分提高人才的積極性，那麼，跳槽就是可能的。

跳槽帶來的不只有是缺少人才，而且還會帶走公司的專有技術，若反過來為原來的競爭對手效力，這時的損失更是不可估量。

目錄

第三篇 用不一樣的手段追求不一樣的管理效果

第六篇　要給予下屬發表個人意見的機會

第七篇　恰當的激勵是高效管理的利器

part 1

高薪為何難留人

重要的員工大都是能人，能人身上又大都有一些孤傲之氣，
如何重用這樣的人是考驗管理能力的一個尺規。
對這樣的人如能用得好，他會發揮巨大的能量，
而用好這樣的人沒有能夠容人的寬大胸懷是很難做到的。

Master in problems
Solve Management

找到員工流失的原因

管理者在選擇優秀人才的同時，員工們同樣也在「良禽擇木而棲」。

由於管理經營理念、經營方式、企業文化等的不同，在考慮目前社會文化背景和員工個人道德素質的同時，企業作為主體，對員工的流失有著更多的責任。

1、高階管理者的認識不足

很多管理者雖然強調以人為本，但從根本上就沒有人本管理思想，不會從員工的角度思考問題，不會為員工著想，不注重溝通，把員工視為達到目的的工具。這種觀念是導致員工忠誠度下降的根本原因。

2、缺乏良好的企業文化及氛圍

在一些企業中，不少員工之所以缺乏一種昂揚奮進的精神狀態和美好的理想追求，有的甚至還缺乏基本的職業責任、職業紀律、職業技能和職業道德，有部分原因在於企業缺乏一種獨特的文化魅力，也就是缺乏共同的、積極向上的價值觀念。

3、選用人才不當

一是任人唯親，而非任人唯賢。這是仍然存在於企業中的現象。「親」人的選擇，往往意味著效率低下和冗員，而低下的效率和冗員又會使有才能的人對企業產生失望，從而選擇離開。二是選用人才的失誤。在聘用和甄選人才上，未將最適合的人才聘用或是被選用的人才職業道德（或品德）不佳，這也是導致員工日後離開企業的原因之一。

4、薪酬指派模式落後

由於多種原因，公營企業相對於民營企業、外商公司，員工收入的差距要小得多，指派的模式也單一得多，甚至有的公營企業至今還存在著做多做少差不多、技術高低差不多的弊端。這是公營企業員工積極性、創造性發揮不夠和對企業忠誠度不高的一個重要因素。頂尖人才流向上述企業的現象時有發生。

5、不注重員工的發展與培訓

應該說目前的公營企業不乏人才，能人也不少，但是往往有些公營企業提供給員工的卻基本上是單一的「官本位」和專業職稱晉升之路，走的是單一生涯的發展通道。這或多或少地減少了員工的職業攀升機遇，特別是使一部分有一技之長的一線工人和其它專業技術人員感到在公營企業難有大的發展前途，進而影響了員工對企業的忠誠。

企業若想真正留住人才，必須樹立現代的人力資源觀，儘快從傳統的人事管理轉變到人力資源管理。需特別指出的是，在知識經濟時代，不只有要把人力作為一種資源，而且應當作為一種創造力越來越大的資本進行經營與管理，要著重做好以下幾方面的工作：

1、加強企業內部溝通機制

透過在公司內定期舉辦討論、交流會等措施，讓員工與管理者全面、坦誠地進行雙向溝通。同時，公司設立意見箱，鼓勵員工多提意見和建議，並對切實可行的好意見予以重獎。這樣，使主管與員工之間不再只是一種單純的管理與被管理的關係，而是一種全新的夥伴式關係，共同營造出一種民主、進取、合作的健康氛圍。

2、改善激勵機制

留不住人才的一個很重要因素還在於對人才缺乏有效的激勵。談到激勵，許多企業自然就會想到用錢，用高薪留住人才。不錯，高薪是能吸引人，但也不一定能留住人，而精神的激勵，成就感、認同感才是留住人才的重要因素，但這一點卻往往被許多企業所忽視。有些專家研究發現，薪資和獎金因素在工作重要性的排列中列第六位、第八位，第一位是成就感，依次是被賞識、工作本身、責任感、晉升機會，這說明瞭非金錢因素的重要性。行為科學家赫茲伯格的雙因素理論就認為，薪資、工作條件、工作環境等屬於「保健」因素，它不具有激勵作用，而工作成就、社會認可、發展前途等因素才是真正的激勵因素。

因此，舉辦經驗交流會，讓公司中優秀的員工將他們的經驗與大家共享，讓大家都來認可他們的工作成就；為員工提供晉升機會；推行參與式的管理等措施，都是值得推行的激勵措施。

3、注重員工的職業生涯規劃

企業正如球隊一樣，可以高薪聘到大牌球星，但是，如果這些球星以後只能與乙級隊打比賽，也一定留不住他們。要想留住人才，不但需要充分發揮他們的作用，還要讓他們有明確的奮鬥目標。這就要求管理者說明員工進行職業生涯規劃，瞭解員工工作完成情況、能力狀況、需求、願望，設身處地說明員工分析現狀，設定未來發展的目標，制定實施計劃，使員工在為公司的發展做貢獻的過程中達到個人的目標，讓事業來留住人才。

4、加強對員工的培訓

一九九九年度美國《財富》評選的最適宜工作的一百家企業中，流動率最低的只有有四%，在這些企業中，幾乎每一家企業都對員工提供免費的或者部分免費的培訓。

培訓作為現代企業管理的重要內容和手段，已越來越被企業所重視。一方面，透過培訓，可以改變員工的工作態度，增長知識，提高技能，激發他們的創造力和潛能，提高企業運作效率和銷售業績，使企業直接受益，另一方面，也增強員工自身的素質和能力，讓員工體會到企業對他們的重視，就會認識到培訓是公司為他們提供的最好福利，是公司給他們的最好禮物。同時，從公司未來發展的角度看，教育和培訓跟上了，人才就具有了連續性，而且凝聚力也會大大加強。

5、建立獨特的企業文化

企業成功需要樹立良好的共同願景。如果從企業的高階管理者到每一個員工都樹立了一個共同的願景，形成了共有的企業核心價值觀念、價值取向等外在表現形式，那麼這會在企業的發展過程中得以延續，使企業保持良好的競爭態勢。

6、創新薪酬的指派模式

目前薪酬仍然是一個有效的激勵手段，一個企業的薪酬制度對競爭優勢仍具有長遠的影響。薪酬不只有是員工獲取物質及休閒需要的手段，還能滿足人們自我肯定的需要。因此，制定有效的報酬系統，可以降低成本，提高效率，增強企業招聘時的吸引力。針對不同層次和類型的員工，國、內外已有了一些較成熟的薪酬發放理論及實踐，如期權、紅利、股權發放、員工持股等方法。

企業的重要員工作為企業制勝的主要資源，是每一個企業生存發展的必要條件。在人才爭奪戰日趨激烈的新經濟時代，爭取和留住企業的核心員工已成為經營策略的第一項重要工作。「留人必先留心，留心必先知心」，所以企業要真正實施人本管理策略，達到企業及員工的雙贏。

用好另類的「能人」

在很多企業中，都有所謂的「麻煩人物」，這些人狂妄自負，根本不把任何人放在眼裡，但企業的很多事情偏偏離開他們還不行，這些「麻煩」可謂是另類的能人。

如何能處理與這些人之間的關係，如何應對由這樣的人引發的組織衝突，對於管理者來說，實在是一個相當有難度的挑戰。通常情況下，這些「麻煩」的背景對管理者來說，是一個現實的威脅。「背景」就是他的資源，可能是政府要員，可能是老闆，也可能是你工作中的某個具有重要意義的「合作夥伴」。這些背景資源不但賦予了這類員工特殊的身份，而且也為管理者平添了許多麻煩。

這些「麻煩」員工在工作中常常有意無意地向管理者和其它同事展現他們的背

景，為的是獲得一些工作中的便利。即便是犯了錯，某些「背景」也可能使他們免受處罰。但是，「背景」這種資源往往在某些關鍵的時候起著不可替代的作用，用一般的方法無法處理的這類難題，到了這類員工手裡，有可能只是一句話的問題。他們就像管理者身上的「腫瘤」一樣，時常擔心一旦處理不好會惡化，但真的割掉，又可能會有生命危險，實在是為難。

還有些「麻煩」往往是那些具有更高學歷、更強能力、更獨到技藝和更豐富經驗的人。正因為他們具有一些其它員工無法比擬的優勢，所以能夠在工作中表現不俗，其優越感更進一步的出現。

這種優越感發展到一定的程度時，直接表現為高傲、自負，以及野心勃勃。他們不屑於和同事們交流和溝通，獨立意識很強，協作精神不足，不把主管放在眼裡，甚至故意無條件地使喚別人以顯示自己的特殊性。

從工作能力上看，他們中的大部分都是「精英」，是主管們倚重的骨幹，但從公司管理角度來看，這些人很多時候扮演了一個「組織破壞者」的角色，可能會因此造成其它同事的反感，也可能因為與其它同事越走越遠而成為團隊衝突的源頭。

這些「厲害」的員工，都令管理者十分的頭痛。怎樣處理這些「厲害」的員工呢？如果將這些員工全部炒魷魚，以保持組織的純潔度，而到最後可能形成一個非常聽話卻平庸無比的團隊——根本無從創造更高的管理績效。

曾有領導者說過：「團結一切可以團結的力量！」把這些「厲害」的人物都團結起來，充分利用這些有強大能力或特殊資源的人，為企業的共同目標去努力。作為管理者，賦予這些另類的能人以重任，不但可以有效減少組織衝突，還可以讓這些擁有各種資源和能力的人積極效力。

一八六〇年，林肯當選為美國總統。有一天，有位叫巴恩的銀行家前來拜訪林肯，正巧看見參議員蔡思從林肯的辦公室走出來。於是，巴恩對林肯說：「如果您要組閣，千萬不要將此人選入，因為他是個自大的傢伙，他甚至認為自己比您還要偉大得多。」

林肯笑了：「哦，除了他以外，您還知道有誰認為自己比我偉大得多的？」

巴恩答道：「不知道。您為什麼要這樣問呢？」

林肯說：「因為我想把他們全部選入我的內閣。」

事實上，蔡思確實是個極其自大且妒忌心極重的傢伙，他狂熱地追求最高領導權，不料落敗於林肯。最後，只坐上了第三把交椅——財政部長。不過，這個傢伙確實是個大能人，在財政預算與巨集觀調控方面很有一套。林肯一直十分器重他，並透過各種手段儘量減少與他的衝突。

後來，《紐約時報》的主編亨利・雷蒙頓拜訪林肯的時候，特地提醒他蔡思正在狂熱地謀求總統職位。林肯以他一貫的幽默口吻對亨利說：「你是在農村長大的吧？那你一定知道什麼是馬蠅了。有一次，我和我兄弟在農場裡耕地。我趕馬，他扶犁。偏偏那匹馬很懶，老是摸魚。但是，有一段時間它卻跑得飛快，到了地頭，這才發現，原來有一隻很大的馬蠅叮在它的身上，於是我把馬蠅打落了。我的兄弟問我為什麼要打掉它，我告訴他，不忍心讓馬被咬。我的兄弟說：『哎呀，就是因為有那傢伙，馬才跑得那麼快的呀。』」然後，林肯意味深長地對亨利說：「現在正好有一隻名叫『總統欲』的馬蠅叮著蔡思先生，只要它能使蔡思不停地跑，我還不想打落它。」林肯的胸襟和用人之道，使他成為美國歷史上最偉大的總統之一。

在實際工作中，我們應該學習林肯，把那些像蔡思先生一樣「另類」又有強大能力或特殊資源的能人充分利用起來，為企業的發展奠定堅實的基礎。

保住員工的「四利器」

透過長期的深入研究，可以發現，企業要加強硬體環境如企業價值觀念、企業文化與軟體環境如薪資待遇、工作氛圍環境、企業增長趨勢、個人成長空間等方面的建設，能夠提供給員工更多他們在其它企業所無法獲得的價值與認同，增加員工離職的「心理成本」，自然能夠減少或是儘量規避員工特別是骨幹員工的離職。

利器一：加強管理，達到規範化營運

員工跳槽本身並不可怕，可怕的是他帶走企業的技術和客戶資源。如果企業規範了每個工作職位職責、作業流程、工作彙報等相關制度，加強技術資料和客戶資料的管理和備份，可以將人員跳槽的損失減少到最小程度。

另外，很多人員跳槽，正是因為企業的規章制度不健全，管理混亂，認為企業沒有前途，自己做下去也沒有什麼意思，有這種想法的人往往都是較有能力的人。從長遠看，加強企業的管理制度、工作流程、職務職責、激勵機制等建設，是解決人員流失的根本出路。

利器二：建立科學、合理、有競爭力的薪資、福利體系

追求高薪是引起員工跳槽的主要原因之一。許多員工都會認為企業給自己的報酬低於自己的實際付出——儘管實際並非一定如此。特別是員工在進入企業工作了一段時間之後，逐漸會對現有薪酬水準不滿，想得到進一步的提升。為了追求理想的薪酬，許多員工在原有的企業達到不了自己的願望的情況下，就會轉向企業的外部尋找機會。一旦時機成熟，員工此時的跳槽就成為必然的事情了。何況現在市場的競爭非常激烈，一些企業為找到急需的人才，會開出高價聘請人才。此外，外部企業以高薪為誘惑，委託獵人頭公司向自己的競爭對手定向挖牆腳，也會使企業的員工產生跳槽的想法和行動。

所以員工的待遇問題是員工最關心的問題。當另一家同等規模、同等職務的待遇高於本企業待遇的二〇%，則有可能會因為待遇問題引起低待遇企業向高待遇企業流動。所以，在制定企業的薪酬制度時，一定要參考本地區與行業其它企業的薪酬待遇，使本企業的薪酬等於或略高於同等行業的平均待遇，會穩定企業的人員。

由此可見，管理者想阻止重要員工跳槽，關鍵的一步是企業的薪酬體系要科學、合理並且對外部市場有一定的競爭力。

科學、合理的薪酬體系是指企業要根據職位的不同、對企業的貢獻大小，對其進行相應的職位價值評估，在企業內部建立完整的職位價值序列，並根據職位價值序列進行職位的基礎薪酬設計。此外，企業還要建立完善的績效考核管理體系，將員工的變動薪酬與績效考核結果連結，使員工的收入和貢獻相關聯，達到企業的內部公平性。這樣就會避免員工因為內部指派不公而產生的不平衡感而離去。此外，企業的薪酬體系也要在市場上有一定的競爭力，企業透過自己或委託專業機構對市場上的薪酬水準進行調查後，確定本企業的薪酬水準定位，這樣可以保證企業的薪酬在市場上具有一定的外部競爭力，而不會使員工輕易被外部企業的薪酬所吸引而去。同時，企業應為員工及時辦理各項社會保障福利，如社會醫療保險、社會失業保險及社會養老保險等，使員工對企業產生好感和信賴。這裡的福利不只有內含「三險一金」的法定福利，還內含如：房屋津貼、交通補貼、通信費、商業保險、各種津貼、帶薪休假、旅遊等非法定福利。

利器三：對員工進行職業生涯規劃、提供職業發展機會

許多管理者沒有意識到員工職業生涯規劃的重要性。實際上，對員工進行職業生涯規劃，對留住員工、防止員工跳槽可以發揮到積極的作用。

職業生涯規劃是指企業和員工一起就員工的未來職業發展方向、發展目標做出計劃安排並說明員工逐步達到這一計劃安排的過程。進行了職業生涯規劃的企業，其員工對企業的忠誠度比未進行職業生涯規劃的企業員工忠誠度提高了二十二倍。員工會因為企業為其提供專業的職業生涯規劃說明而對企業產生認同感，認為企業非常關心自己的發展，並且如果自己留在企業工作，自己會沿著一條目標明確、清晰的職業發展道路而不斷去努力，企業會提供相應的職業機會，從而在企業的說明下，最終達到自己的理想。這樣，員工跳槽的可能性會大大降低。

麥當勞對見習經理有一套四至六個月的基本的技能培訓，主要採用開放式、參與式討論，培訓不同的行動能力；升到二副時有一套五至六天的基本管理課程培訓，升到一副時有一套中級管理課程培訓；當了三年餐廳經理後，就有機會送往美

國接受高階的套用課程培訓；繼續升遷，就擔任營業督導，同時管理幾家店；再上升是營業經理，管一個地區等等。培訓和晉升總是連結在一起，既針對個人的具體情況，又表現企業的總體規劃，同時具有挑戰性，使受訓人才與企業緊緊連結在一起。

利器四：強化溝通，貫徹企業的策略目標，促使員工認同企業發展目標

管理者在企業內部貫徹企業的策略目標，使員工能夠對企業的發展目標、實施原則都有一個清晰的瞭解，有助於增加員工對企業的發展目標的認同，使全體員工形成共識，團結協作，共同為達到企業的目標而努力。這樣會避免一些員工因為看不清企業的發展目標和發展方向，不理解企業的政策和原則，對企業產生不認同而跳槽。當然企業也應避免制定策略目標的短期化、功利化和市場定位的錯誤而使員工對企業失去信心而離開。

而企業策略目標的認同和原則實施的每一個步驟的過程，都少不了企業內部的溝通。溝通不暢幾乎是每個企業都存在的問題。尤其是很多中小企業，企業家族化管理的傾向還有走極端的趨勢，員工沒有知情權，對企業的日常事務瞭解都不多，更別提整個企業的走向了。企業的壯大必然要求分工的更加細化，而且家族化的管理這個問題在民營企業裡是與生俱來的，很難擺脫目前這樣的狀況，也很難斷言家族化管理與其它管理相比孰優孰劣。員工在工作中，由於這些企業的現狀等各種原因產生怨氣，如果這時管理者能夠體察出這種怨氣，及時地與員工溝通，將矛盾消滅在萌芽之中，這樣對企業或對個人都有好處。

平等溝通還能激發員工的創造性和培養員工的歸屬感，但平等溝通不是自然形成的，也不是一條行政指令可以解決的。管理者必須是平等溝通的積極倡導者，必須首先主動地去找員工進行溝通，久而久之才能形成平等溝通的風氣。

用「技術層級」留人

大多數不斷發展的公司都會遇到一個典型的問題：如何把人才留在技術職位上，以便充分利用他累積的專業知識和公司已付出的投資。同樣，在微軟不斷發展壯大，不斷聘用新員工並將之培育成優秀的技術人員之後也遇到了同樣的問題。解決這一問題，微軟公司的一個獨到之處就是把技術優異的技術人員推上管理者的職位。

蓋茲與公司其它的早期主管一直都很注意提升技術優異的員工擔任經理職務。這一政策的結果也使微軟獲得了比其它眾多軟體公司別具一格的優越性——微軟的管理者既是本行業技術的佼佼者，隨時把握本行業技術脈搏，同時又能把技術和如何用技術為公司獲取最大利潤相結合，形成了一支既懂技術又善經營的管理階層。

例如集團總裁內森‧梅爾沃德（三十六歲）是普林斯頓大學物理學博士，師從諾貝爾物理獎獲得者斯蒂芬‧霍金。他負責公司網路、多媒體技術、無線電通訊以及聯機服務等，但是這一方法對於那些只想待在本專業部門裡並且只想升到本專業最高位置而又不必擔負管理責任的開發人員、測試人員和程式人員來說是沒有多大吸引力的，這樣，職務管理的問題就產生了。微軟解決這一問題的主要辦法就是在技術部門建立正規的技術升遷途徑。建立技術升遷途徑的辦法對於留住熟練技術人員，承認他們並給予他們相當於一般管理者可以得到的報酬是很重要的。

在職能部門裡典型的晉職途徑是從新員工變成指導教師、組長，再成為整個產品部門裡某個功能領域的經理（比如Excel的程式經理、開發經理或測試經理）。在這些經理之上就是產品部門的高階職位，這內含職能領域的主管或者在Office產品部門中的某些職位，他們負責Excel和Word等產品組並且建構用於Office套用軟體的共同特性。

同時，微軟既想讓人們在部門內部升遷以產生激勵作用，還想在不同的職能部門之間建立起某種可比性。微軟透過在每個專業裡設立「技術層級」來達到這個目的。這種層級用數字表示（按照不同職能部門，起始點是大學畢業生的九或十級，一直到十三、十四、十五級）。這些層級既反映了人們在公司的表現和基本技能，也反映了經驗閱歷。升遷要經過高階管理層的審查批示，並與報酬直接連結。這種制度能說明經理們招收開發人員並「建立與之相匹配的薪資方案」。

層級對微軟員工最直接的影響是他們的報酬。通常，微軟的政策是低薪資，內含行政人員在內，但以獎金和個人股權形式給予較高的激勵性收入補償。剛從大學畢業的新員工（十級）薪資為三十五萬美元左右，擁有碩士學位的新員工薪資約為四十五萬美元左右，對於資深或非常出眾的開發人員或研究人員，蓋茲將給予兩倍於這個數目或更多的薪資，這還不內含獎金。測試人員的薪資要少一些，剛開始為三萬美元左右，但對於高階人員，其薪資則可達八萬美元左右。由於擁有股票，微軟的一萬七千八百名員工中有大約三千人是百萬富翁，這個比例是相似規模公司中最高的。

在微軟這一技術晉級制度中，確定開發人員的層級（指SDE，即軟體開發工程師的層級）是最為重要的，這不只有是因為在微軟以至整個行業中留住優秀的開發人員是決定一個公司生存的關鍵，還因為確定開發人員的層級能為其它專業提供晉級準則和相應的報酬標準。在開發部門，開發經理每年對全體人員進行一次考查並確定其層級。開發主管也進行考查以確保全公司升遷的標準統一。

一個從大學裡招聘來的新員工一般是十級，新開發人員通常需要六至十八個月才升一級，有碩士學位的員工要升得快一些，或一進公司就是十一級。一般的升遷標準和要求是：當你顯示出你是一位有實力的開發人員，編寫代碼準確無誤，而且在某個專案上，你基本可以應付一切事情時，你會升到十二級，十二級人員通常對專案有重大影響。當你開始從事的工作有跨商業部門性質時，你就可以升到十三級，當你的影響跨越部門時，你可以升到十四級。當你的影響是公司範圍的時候，你可以升到十五級。在開發部門中，大約有五〇%至六〇%的開發人員是十級和十一級人員，大約二〇%屬於十二級，大約十五%屬於十三級，而剩下的五%至八%屬於十四級和十五級。由於層級是與報酬和待遇直接連結的，這樣，微軟就能確保及時合理地獎勵優秀員工並能成功地留住優秀的人才。

但是，即使是技術層級或管理職務上升得很快，有才華的人還是易於對特定的工作感到厭倦。為了能有效地激發起員工的工作積極性並挖掘這些天才們的潛在創造力，微軟容許合格人員到其它專業部門裡尋求新的挑戰。並且規定人們只有在某一特定領域累積了幾年經驗之後才能換工作。

例如，在專案的兩個版本之間給相當數量的人員一次換工作的機會。在公司範圍內，還有一定比例的人員在專案之間流動。同時微軟並不鼓勵所有的人不停地流動，因為微軟的大型產品，像Office、Word、Excel、Windows和NT，需要花幾年時間來累積經驗，頻繁地變換工作是不足取的。透過合理的人員流動，使優秀的員工不至於在同一工作中精疲力竭，同時，也使產品組和專業部門從不同背景和視角的人員的加入中獲得新的發展。

另外，一個日益普遍的激勵員工的方法是送他們參加職業軟體工程會議。微軟還發起主辦大量的室內研討會和研習班，讓微軟人更多瞭解該行業其它地方和其它公司最新的觀念、工具及其技術發展。

總之，微軟公司的人員管理是成功的，特別是對於這樣一個快速發展的公司而言是極為難能可貴的。一九九一年在套用部門進行的一次調查表明：大多數員工認為微軟公司是該行業的最佳工作場所之一。正是由於微軟公司建立了一套讓人才脫穎而出和優秀人才組成的組織和機制，才使微軟公司在這個競爭激烈的行業中能永遠保持領先地位。

讓員工對未來充滿希望

企業的目標是吸引人才的磁力場，也是保住企業員工的強心劑。管理者要不斷地向員工提出目標，凝聚人氣，讓員工永遠充滿希望從而使企業順利成長。

確立目標是管理者的重要工作。一九六九年七月二十日，太空人駕駛的美國太空船——阿波羅十一號成功登陸月球，創下人類史上具有劃時代意義的偉大壯舉。在此之前，登陸月球只是人類的夢想而已。這次登陸月球的成功，可以說是眾多科學家和有關人士嘔心瀝血的結晶。需要指出的是，這項舉世矚目的阿波羅計劃，是從一九六〇年美國總統甘乃迪的聲明開始的。當時甘乃迪總統向世界宣告，至二十世紀六〇年代末，美國一定要把人類送上月球，從而確立了人類登陸月球的目標。由於許多人的智慧和力量不斷地向著這個目標集中，人類登陸月球這一目標終於伴隨著阿波羅十一號的升空而達到，可見確立目標是件很重要的事情。

確立目標是管理者的必備素質。管理者本身不一定要具備該項事業的知識和技能，但提出目標卻是管理者的工作，這項工作除了管理者本身以外，不能靠他人來完成。企業管理是一門綜合性工作，既要有文化知識，又要有社會知識，管理者只有具備多方面的綜合素質，才能確定適合企業發展的目標。為了確保目標切實可行，管理者平時就要培養能夠確立目標的意識。有目標才有動力，目標確立之後，針對這個目標，有知識的人貢獻知識，有技能的人貢獻技能，大家同心協力才能成就一番事業。

如果甘乃迪總統未曾提出過目標，即使很有才華的人，也有無從發揮之感，各種人才的力量也會因分散而削弱。所以，管理者應該基於自己的知識或經驗，確立一個最適合企業發展的目標。明確的企業發展目標是提高員工積極性的有效手段，員工越瞭解公司目標，歸屬感越強，公司越有向心力。

不斷提出適合企業發展的目標，讓員工對未來充滿夢想，是松下先生的重要經營謀略。松下擔任社長時，常找機會向員工暢談自己對未來的設想，一九五五年宣布了他的「五年計劃」，計劃用五年的時間，使松下電器公司效益從二百二十億日元增加至八百億日元。這種做法不但讓員工看到了光明的前景，也震驚了整個企業界，同行紛紛改變政策，向松下電器公司看齊。當然，這樣做到底有多少效果，是無法一概而論的，況且也有被其它公司獲悉自己計劃內容的反作用。

松下明知這些問題卻果斷地發表了它，一方面是為了讓員工有堅定的目標與期待，另一方面，是由於他確信這是經營者的必備素質和應有做法。此後，他又陸續向員工提出，採用每週五天工作制，並把薪資提高到西方已開發國家水準的目標，同時請大家共同努力去達到。這些做法，從經營原則上說，可能遭遇很多批評，同時在推動事業時，也多少有不利的一面。但松下認為，讓員工徹底瞭解經營者的經營方針和信念，完全可以超越這種不利。五年後，松下先生在員工面前發表的「五年計劃」以及達到與西方已開發國家相等的薪資勞動條件的承諾，都一一達到。從此員工士氣大振，與松下先生一道，構築起松下電器王國。

也許有人會說，松下電器之所以能夠把夢想變為現實，完全是因為松下電器公司的經營一直都很順利的緣故，如果經營狀態不那麼理想，松下先生的目標就不可能達到。實際上，企業經營順利時，需要制定遠景目標，把企業做大做強；經營出現困難時，更需要制定改進目標，凝聚人氣，走出困境。戰後的松下電器正處於慘淡經營之中，但松下先生卻不曾因此放棄為公司制定目標。由於目標明確，松下電器才能在很短時間內就走出困境，續寫昔日輝煌。

適時提出企業發展目標，是管理者的重要職責。無論面臨何種困境，管理者都要讓員工對未來充滿希望，給他們以美好的夢想。這樣，員工們才會樂於留下來。

適當做出讓步

進取心強的員工是公司最富有價值的、積極的資產，這一類型的員工往往具有很強的自我表現欲，當管理者無法滿足他們達到自我價值的要求時，就會感到自己的價值取向和公司的價值取向存在較大差異，因而抱怨得不到公司充分的重視和支援，而有可能另尋更加重視、更好發揮他們才華的環境。

挽留這類人才，最簡單的方法是做出適當讓步，為其提供能夠發揮其才華的條件。

獲得博士學位後，傑克・威爾許進入了GE公司。他主要負責PPO材料的研製工作，這種新型材料在所制定規格的色彩與延展性上有一些小問題存在，但威爾許依然熱情工作，努力去克服一個又一個的難題。

威爾許成功地推出PPO材料時，他被公認為GE公司塑膠部門的一顆脫穎而出的新星，成為眾多化工公司關注的焦點，開始有獵人頭公司盯上他了。就在威爾許雄心勃勃地要大展巨集圖之時，他發現GE公司存在著嚴重的官僚主義，首先表現在薪酬管理問題上。年底時，公司給威爾許加了一千美元的薪水，他為此感到很高興。但很快，威爾許發現無論員工表現好與壞，在工作的第一年終結時，每一個人都獲得一千美元的加薪。

個性較強勢的威爾許無法忍受GE公司對人才的偏見，他認為既然付出了努力，就應該得到等額的回報。而他相信自己應該獲得更高的薪水，所以他毅然向GE公司塑膠部門主管提出了辭職。當時位於芝加哥的國際礦物化學公司十分欣賞威爾許的才華，他們向威爾許提出，只要他願意加入IMC做一名化學工程師，他就能獲得二萬五千美元的年薪，相當於威爾許在GE公司的兩倍。威爾許略做考慮，就接受了這個職位。

就在威爾許預備動身的這一天，正在麻州考察的GE公司副總裁魯本・加托夫聞訊趕到了塑膠部門。他對這位年輕的化工博士早有耳聞，尤其是他研製出PPO材料以後，塑膠部門的業績直線上升。加托夫意識到，GE公司應該留住像威爾許這樣的人才並委以重用，不然對公司是一大損失，同時也增加了競爭對手的銳氣。

加托夫找到了威爾許，極力勸他留在塑膠部門。他知道年輕人的脾氣，便許諾給他以三倍於現薪的薪酬作為他的年薪，工作出色後還有獎勵；並且答應他只要他工作再出成績，就委以更多的責任。

加托夫使用更高的薪水和更高的職位誘使威爾許重新回到GE公司來上班，他成功了。這個來公司不到一年就想跳槽的小個子青年在之後四十年內一心一意在GE公司工作。並在一九八一年成了公司的總裁，掌管GE公司雄踞全球企業五百強中的第一強。

事實證明GE公司副總裁竭力挽留威爾許是個英明無比的決定。類似威爾許的人才在公司中有很多，作為一個管理者要盡最大努力去留住這些進取心強的人才。下面是留住這些人才的幾個簡單方法，相信會對管理者有所說明。

1、常與員工交談工作，使雙方就有關問題達成一致。

2、給人才委以更多的責任。

3、瞭解員工的思想活動。如果說一個管理者有責任對其員工的思想狀況敏感地做出反應，那麼雖然難以探測他們心中的祕密，起碼應使員工能夠接近自己，並暴露思想動態。

4、大膽起用。在任何一個公司，新聘用的剛剛從大學畢業的優秀生最容易跳槽（一般在兩年之內）。他們是公司花了很多心思爭取到的人才，這樣失去，會給公司帶來許多損失。

5、對能力突出的人才給予快速提拔。有時候，企業有幸得到一個能力極強、以致沒有人會懷疑他一定會沿著臺階一直上升的員工。這時，管理者在提拔這個員工時需多動腦筋，如果處理得好，你不只有不會失去他，而且還會給公司帶來許多附加價值與財富。

part 2

最大限度地
釋放團隊的能量

在美國ＮＢＡ的球隊當中，如果球員之間配合默契良好，
就會說這是一支發生了化學反應的球隊。
這樣的球隊可能沒有超級巨星，但勝率往往是最高的。
一個好的管理者就要有點石成金的手段，
讓下屬之間產生化學反應，從而最大限度地釋放團隊的能量。

Master in problems
Solve Management

有了內部支援才能站穩腳跟

管理者不應總把自己置於居高臨下、控制一切的地位。下屬，尤其是眾多的下屬的全力支援，是你理順管理工作的必要條件，對於一個初掌管理權的主管更是如此。

比如一位新任總經理，如果公司的財務、業務、行政等部門，甚至連清潔員都不配合你的工作，恐怕就很難開啟工作局面。在中國古代，正反兩方面的很多例子都為我們提供了佐證。

東晉司馬睿移鎮建鄴後，對於能否在江東站住腳，還沒有十分把握。因為江東士族對這位東南最高軍政長官十分冷淡。在相當長的一段時間裡，居然沒有一位名流拜會司馬睿。

東吳滅亡後，江東士族的經濟利益雖然沒有受到多大打擊，政治地位卻一落千丈。西晉朝廷看不起他們，被任用的人士極少。有關於此，陸機的疏議講得十分清楚：「至於荊、揚二州，戶各數十萬，今揚州無郎，而荊州江南乃無一人為京城職者，誠非聖朝待四方之本心。」

即便個別人被征到中央為官，也百般受到猜忌，所以晉末戰亂，便紛紛掛冠而歸了。這絕不是說他們想就此歸老林下，而是在窺度時機，準備東山再起，恢復昔日權勢。絕大部分江東士族能為陳敏網羅，不少江東士族參與錢錤的叛亂，原因就在於此。

江東士族的態度使司馬睿和王導焦慮萬分，若得不到他們的支援，就極難站住腳。為此，王導和王敦決定在三月初三擁司馬睿出巡，借以觀察江東士族的動態，再決定下一步的行動。這一天，司馬睿乘肩輿出遊，北來名流擺出全部儀仗追隨其後，故意從顧榮、紀瞻等宅第繞行，終於引來了他們的拜見。王導乘機獻策：「古之王者，莫不賓禮故老，存問風俗，虛己傾心，心招俊山欽。況天下喪亂，九州分裂，大業草創，急於得人者乎！顧榮、賀循，此士之望，未若引之以結人心。二子既至，則無不來矣。」

司馬睿心領神會，請王導代表他拜會顧榮和賀循，請他們出來襄助。這是政治待遇，也是一個信號，它表明司馬睿有意借重江東士族。顧、賀二人欣然應命。司馬睿終於和江東士族搭上了線。在顧、賀的影響和推薦下，其它南士相繼而至。司馬睿任命顧榮為安東大將軍府司馬、紀瞻為軍諮祭酒、周能為倉曹掾、賀循為吳國內史，這些都是司馬睿幕府中重要的職位，有的則是江東腹心地區的地方長官。對於顧榮，司馬睿更為器重，事無巨細，都找顧榮謀議。

對於江東士族來說，這實在是東吳滅亡以後少有的光輝的時日。為了搞好與江東士族的關係，王導還學說吳語，提出與吳郡陸氏聯姻的要求。不久，散騎常侍朱嵩和尚書郎顧球死，鑑於吳郡朱氏和顧氏都是江東名門望族，司馬睿為再次表達他借重的心意，突破儀制，親自為他們舉哀，哭之甚慟。接二連三的舉動，終於感動了江東士族，「由是吳會風靡，百姓歸心焉。自此以後，漸相崇奉，君臣之禮始定」。司馬睿被江東士族確認為自己利益的最高代表了。

要建立堅固的管理團隊

一位主管想要成功，必須建立一個作為核心的忠誠工作班底，他們分擔他對工作的考慮，提前向他提出警告，有敏銳的政治意識，並有能力使他少犯錯誤。

尼克森曾問艾森豪威爾，在工作人員中他最重視哪種品格。

艾氏回答說：「無私。」

毫無疑問，誰能將針對公務的責任感置於他們的私利之上，誰就是理想的工作人員，但是這種人很難找到，尼克森認為大多數人跳不出個人利益的小圈子，所以他選擇工作人員的宗旨是，必須考慮三個條件：智力、思想品質和魄力，他要求他的下屬既忠誠又有能力。

在擇用人員時他遵循的基本原則是，工作人員與自己的見解愈一致，便愈能為自己所重用。

尤其是當國會為反對黨所控制時，他需要一個精幹、忠誠的白宮工作班底，來對付比前一代更為專橫的國會和官僚機構的爭執不休的議事日程和他們擴張權勢的奢望。因此，不想成為國會和官僚部門的傀儡的尼克森把任命高階白宮官員看得比任命內閣成員更困難也更重要。

尼克森在原有競選班底的基礎上組建他的白宮新班底。在他設定的四個高階職務中，就有兩個由其心腹擔任，鮑勃・霍爾德曼任白宮辦公廳主任，約翰・埃利希曼任總統國內事務助理。

尼克森願意用舊人的傾向特別明顯，這與他重視強化總統行政大權直接有關。對追隨自己多年的部下，他知根知底，可以委託他們以重任而毋需擔心他們會越權或者濫用權力。

另外，這些老部下為他登上總統寶座立下了汗馬功勞，如以高官厚祿犒勞他們，將會增強他們對他的忠誠。尼克森最為倚重的內臣當屬霍爾德曼，他們的關係在埃利希曼的筆下得到了形象的描述：他（霍爾德曼）深信尼克森有朝一日將成為這個國家的領導人。

儘管後來他認識到自己所崇拜的政治偶像遠非完美無缺，但他心甘情願地運用自己的才智來補償尼克森的缺陷。當尼克森優柔寡斷、猶豫不決的時候，霍爾德曼就成了他的主心骨，為他僱用和解僱人員，果斷行事，要求工作人員沉得住氣。當尼克森沉默寡言、深居簡出的時候，霍爾德曼就說服他辦些必要的拋頭露面的事情。

當尼克森感到精力不支的時候，霍爾德曼保護著他，使他免受一些不必要的干擾，以免傷神。他們兩人相互依賴，難解難分，很難區分哪些是尼克森辦的事，哪些是霍爾德曼辦的事。

在籌組白宮班底時，尼克森不只是任人唯親，他還毫不猶豫地選用曾反對過自己的有才華的人，他對季辛吉的啟用便是典型的為取其謀而用其人。聽說尼克森要任命季辛吉為國家安全事務助理，一些最忠誠的尼克森分子紛紛提出異議，因為季辛吉在剛剛過去的大選中還以洛克菲勒派的身份嚴厲地批評尼克森，這種任命似乎不合情理。

但尼克森不計前嫌堅持用季辛吉，理由很簡單，季辛吉最適合做這個工作，而且他和自己在重要問題上意見相同。事實證明，把季辛吉拉進白宮為自己出謀獻策，是尼克森出奇制勝的一著。

季辛吉接受尼克森的任命，無疑表明瞭以洛克菲勒為首的東部財團對當選總統的認可，尼克森新政府的基礎因此而得到了擴大和鞏固。同時，季辛吉的哈佛教授身份是尼克森白宮班底的最好點綴。

自約翰・甘乃迪以來，延請學者教授入白宮任職已蔚然成一股政治風氣，尼克森的親信、至交雖然都出自美國各大學，但因多年活躍於政界，已與學界無甚連絡，所以在許多人眼中，他們不是標準的文人學士，更配不上「智囊」人物的稱號，《紐約時報》公開譏諷尼克森是「庸人領著一幫碌碌之輩」。

當然，尼克森重用季辛吉不光是為了裝點門面，更重要的是，他從一開始組織政府就打算由白宮指導對外政策，他希望找到一位高明的搭檔來輔佐自己掌管外交大權。因此，他認為國家安全事務助理的人選很關鍵，如果選一個二流水準的助手，他會對其工作總是放心不下。

尼克森向來持有這樣的看法，即一個強有力的領袖的標誌是他願意挑選一批比他精明的人，他們會以他們的理想和各自的才智向他挑戰並激勵他，反過來他又影響他們的意見。使之適合自己策略上和政治上的見解和直覺。尼克森正是依照這一理想模式選擇建立他與季辛吉的合作關係的，他對季辛吉有著強烈的直覺感，認為後者是國家安全事務助理的最佳人選。

由於尼克森執意要把內政外交大權前往白宮、進而集於他之手，所以組建白宮工作班底只是走完了第一步，接下來便是如何調控和發揮該班底的功能。

每個總統都得有一個自己的「SOB」。尼克森牢記著艾森豪威爾的這一忠告。「SOB」原意為狗娘養的，艾氏所言是指專門替總統做得罪人的事的人。尼克森在他的隨從中找來找去，最後決定由霍爾德曼來充當這一角色。

名義上，霍爾德曼負責大量的非實質性活動，類似一名打雜人員：實際上他是一個總助理，從信件收發室到政治活動的一切事務都歸他管。在他忠實地履行其職責的過程中，滿足了尼克森的一種特殊需要，這就是如同媒體所描繪的，他在尼克森週圍建築了一堵「柏林圍牆」。

透過霍爾德曼，尼克森得以擋住那群沒完沒了「非見總統不可」的政府官員，在尼克森的意識裡，內閣官員都不可信用，不給他們抓到實權的最好辦法是對他們避而不見，所以他要求這些人把問題寫成書面的東西交上來，或是找能比總統更好地處理他們的問題的某些辦公廳人員去進行交涉，於是霍爾德曼就專門負責對他們說「不行」，而且不是以委婉的口氣。

其實，被尼克森啟用的「ＳＯＢ」遠不只霍爾德曼一人。尼克森的政治哲學是，有時為了一個偉大目標，可以使用令人不愉快的手段。正如自己所信奉的那樣，他為了達到鞏固權力的目的而不擇手段。把政府官員擋出白宮、監視政敵、搞對手的情報，諸如此類的特殊需要又造就更多的「ＳＯＢ」，霍爾德曼後來承認：「時至一九七一年，尼克森使用著三個下級——霍爾德曼，埃利希曼和柯爾森，為的是在某些問題上，能夠採取三種不同的對待方法。我扮演的角色是使用直截了當、當頭一棒的策略。詭譎多端的埃利希曼作耍花招之用，柯爾森則留著做那些見不得人的勾當。」

乍看起來，白宮班底的四位人物霍爾德曼、埃利希曼、季辛吉和舒茲權傾朝野，他們各自獨當一面，與總統單線連絡，對美國政策的制定和執行發揮著無法估量的影響，但實際上一切權力的終端設備都在尼克森處。

尼克森分權給他的四位幕僚，目的有二：一是經他們之手把本該歸屬於內閣各部的權力收回到他這裡；二是借此提高他們的積極性，發揮各系統的功能，保證白宮班底的正常運轉，從而達到治理國家的目的。

團隊精神是團隊穩定的保證

如果管理者想塑造一個忠誠的團隊，他們就必須為團隊創造清楚的使命感。

現代人偏好獨立作業，喜歡在他們自己的時間和空間裡，追求有創意的最後成果，而只有特別的公司才能贏得現代人的全心奉獻。

評估一個公司時，首先會看看這個公司是否有清楚的使命，因為一個沒有使命感的團隊不可能生產出有價值的最後成果。許多人不可能把創意自主性浪費在可能虛擲他們才華的團隊上，為了將自我的目標與團隊的目標合而為一，團隊的目標必須一致、定義明確才可能成功。

團隊目標以組織為導向，現代人對團隊目標的清楚定義有更高標準的要求。團隊目標如果是在沒有職員參與的情況下所訂定的，而又被斷然宣布，強加在他們身上，那麼這個團隊目標最好訂得非常完美。團隊目標最好能提供職員成長和學習的空間，讓他們有機會對寶貴的最後成果有所貢獻。因為團隊目標是他們工作價值的唯一參考點。

有的員工指出：

「我們毫無團隊精神可言，因為我們根本沒有教練，因此也沒有統一的使命感及目標。如果大家可以一起為共同目標努力，感覺一定很棒。可是沒有人管理我們，所以大家要不就放棄，要不就是只為自己努力。在這樣的情況下，成果永遠只是差強人意。」

有的員工指出：

「真正的轉捩點是我開始覺得我只是為公司工作，卻不是公司的一份子。管理階層完全未徵詢我們的看法，沒有問我們的意見，沒有解釋發生了什麼事或是變動的原因，便把每個人的工作做了一番重組。我們完全不被當做公司的一員，這對士氣打擊很大，每個人的生產力也大為降低。以我為例，我本來非常地賣命，常常加班，為工作付出許多心力。但是現在，我們對工作完全無法控制，使想把工作做好的希望破滅，而工作的成功與否也不再是我的問題了。」

對於許多下屬職員來說，堅持訂定工作議程和工作目標，卻不提供必要管理以支援這些工作和目標的管理者，令他們感到挫折失望。他們的創造自主性受到壓抑，大量精力平白浪費在沒有方向感的團隊裡，最終他們只好失望地離開。那麼，如何怎樣培養團隊精神呢？

傳統的組織管理模式和團隊協作模式最大的區別在於團隊更加強團隊中個人的創造性發揮和團隊整體的協同工作。

如何協調個人成長與團隊成長的關係，使他們能夠相互作用、共同發展是一個值得討論的話題。

團隊精神都含有哪幾方面內容呢？

1、員工對團隊的高度忠誠

團隊成員對團隊有著強烈的歸屬感、一體感，強烈地感受到自己是團隊的一員，絕不容許有損害團隊利益的事情發生，並且極具團隊榮譽感。

2、團隊成員相互尊重

這內含兩方面的意思：一是特定團隊內部的每個成員間能夠相互尊重，彼此理解；二是團隊的領袖或團隊的管理者能夠為團隊創造一種相互尊重的氛圍，確保團隊成員有一種完成工作的自信心。人們只有相互尊重，尊重彼此的技術和能力，尊重彼此的意見和觀點，尊重彼此對團隊的全部貢獻，團隊共同的工作才能比這些人單獨工作更有效率。

3、團隊充滿活力

一個團隊是否充滿活力，我們可以從三方面看出來，這三個方面也是管理者要注意的地方。

◎主動精神。團隊是否有創造性的想法？是否積極思考，尋求問題的解決方案？能否發現機會，敢冒風險？團隊是否能提供團隊成員挑戰自我、達到自我的機會？

◎熱情。大家對共同工作滿意的程度如何？是否受工作的鼓舞？想做出成就嗎？成功對大家有無激勵？

◎關係。團隊成員能愉悅相處並享受著作為團隊一員的樂趣嗎？團隊內有幽默的氛圍嗎？成員之間是否能共擔風險？

那麼，作為團隊中的一員，我們應該從哪些方面來培養自己的團隊合作能力？

1、尋找團隊積極的品質

在一個團隊中，每個成員的優缺點都不盡相同。你應該去積極尋找團隊成員積極的品質，並且學習他。讓你自己的缺點和消極品質在團隊合作中被消滅。團隊強調的是協同工作，較少有指令指示，所以團隊的工作氣氛很重要，它直接影響團隊的工作效率。如果團隊的每位成員，都去積極尋找其它成員的積極品質，那麼團隊的協作就會變得很順暢，團隊整體的工作效率就會提高。

2、對別人寄予希望

每個人都有被別人重視的需要，特別是那些具有創造性思維的知識型員工更是如此。有時一句小小的鼓勵和讚許就可以使他釋放出無限的工作熱情。並且，當你對別人寄予希望時，別人也同樣會對你寄予希望。

3、時常檢查自己的缺點

你應該時常地檢查一下自己的缺點，比如自己是不是還是那麼對人冷漠，或者還是那麼言辭鋒利。這些缺點在單兵作戰時還可能被人忍受，但在團隊合作中就會成為你進一步成長的障礙。團隊工作中需要成員一起不斷地討論，如果你固執己見，無法聽取他人的意見，或無法和他人達成一致，團隊的工作就無法進展下去。團隊的效率在於配合的默契，如果達不成這種默契，團隊合作可能是不成功的。

如果你意識到了自己的缺點，不妨就在某次討論中將它坦誠地講出來，承認自己的缺點，讓大家共同說明你改進。當然，承認自己的缺點可能會讓人尷尬，你不必擔心別人的嘲笑，你只會得到同伴的理解和說明。

4、讓別人喜歡你

你的工作需要大家的支援和認可，而不是反對，所以你必須讓大家喜歡你。除了和大家一起工作外，還應該儘量和大家一起去參加各種活動，或者禮貌地關心一下大家的生活。總之，你要使大家覺得，你不只有是他們的好同事，還是他們的好朋友。

5、保持足夠的謙虛

團隊中的任何一位成員都可能是某個領域的專家，所以你必須保持足夠的謙虛。任何人都不喜歡驕傲自大的人，這種人在團隊合作中也不會被大家認可。你可能會覺得某個方面他人不如你，但你更應該將自己的注意力放在他人的強項上，只有這樣你才能看到自己的膚淺和無知。

謙虛會讓你看到自己的短處，這種壓力會促使你自己在團隊中不斷地進步。

員工的團結是塑造團隊精神的前提

好的企業裡人們的工作關係融洽，各部門分工明確，各司其責，企業員工對企業福利和業績十分滿意，並且願意為之努力工作。

一個好的機制並不是每個公司都能夠做到的，它需要公司老闆、主管和每個員工的協作。

1、老闆的努力

作為一個公司的最高主管，你必須瞭解公司員工，你可以直截了當地來打破層層障礙，以瞭解員工工作進度，看看他們是否遵循正確的作業程序。你需要瞭解的是：管理部門是否採用能達成公司理念的政策？管理部門對消除障礙是否有明確的對策？今年的對策夠不夠積極？是不是已完成？管理部門所管理、考核的事務是否正確？管理部門是否把資料公開、透明化？

如此一來，最高主管就可以發掘出隱藏於公司內部的問題，而每一名員工也都會知道公司對它所訂的目標是認真的。英航顧客服務部門資深總經理柯來說：「我們告訴公司的櫃台員工：『你有使顧客快樂的責任。如果你有問題，趕快想辦法解決。如果你不能解決，去找你的組長，如果組長也不能解決，他就會往上報。』」這是好方法，英航基層員工所不能解決的問題，最後都會送到董事長馬歇爾桌上，讓其去解決。這種方法頗為有效。他導致了各部門之間、上下級之間的健康合作關係。只有打破日常的管理障礙，公司員工才能真正服務顧客，才能得勝。

2、員工的努力

作為一個普通員工，要把自己的利益與整體利益連絡在一起，他必須遵守下列原則：工作應該自己去尋找，不要依靠和等待；要主動地去工作，而不是被別人所推動；要認識到：只有做艱難的工作才能鍛煉自己，而專揀容易的工作會使自己沒出息；要選擇並努力解決複雜的工作，爭取在每項工作之後都能有所進步；儘量要把週圍的人團結好，以此來作為動力，同心協力把工作出色地完成；對待自己的工作，要有充分的計劃，如果長期性的計劃已被確定，就要為達目的而忍耐，為希望而努力；對於自己的工作要有信心，如果失去信心，工作便不會有魄力，也不會持久，更不可能使工作有內容；頭腦要保持靈敏，要隨時留心周圍的一切，不可有絲毫的漏洞，這是我們服務人群的精神；不要害怕工作中的摩擦，因為衝突意見是進步之母，是積極之肥料，否則不會使人很快成熟。

3、老闆與員工的共同努力

日本企業家，江和浩正就是這樣一個善於將員工團結起來的人才管理高手，他貌不驚人，但為人隨和、表裡一致，有一種不可思議的魅力。

日本國稅局調查廳的有關人員曾到人才開發中心連續調查了兩個星期，發現該公司職員氣很旺。問其緣故，江和浩正說：「是因為我們給員工的福利費比其它公司多了一位數。此外，我們公司還經常為員工舉行告別會和宴會等等，還組織員工外出旅行。我這樣做，是想為員工們創造一個較好的工作氣氛。口頭上的空喊是不行的，更重要的是要拿出實際措施，向員工提供大量相互交流、溝通的機會。」

在公司裡員工人人努力工作。到夜晚十點、十一點鐘，仍有辦公室亮著燈。在工作忙的月份，女員工們加班一百二十小時不足為奇。而江和浩正本人每天基本上要工作十二小時。

「怎麼樣，身體好嗎？」他經常親切地向員工問候。他每年要出席三十多次員工的婚禮。過去他能報出全公司所有員工的名字，現在也能認出上千名員工，員工的小孩上小學，他送紀念品；員工過生日和有喜事，他去祝賀。總之，他把公司看做是個大家庭。這也是員工們樂於加班工作的原因之一。

江和浩正說：「我的經營目標，就是要使員工感到值得在這裡工作。為此，我在鹿兒島開辦了農場，又在岩手縣的安比買下了鐵路線旁的一塊土地，在那裡開辦了旅館、高爾夫球場和滑雪場地，但目的不是為了盈利，目前這部分經營仍是赤字。那麼，安比開發的真正目的是什麼呢？是使員工能有一個自己的『基地』。我生在戰時，經受過戰爭帶來的饑餓。今後如果萬一發生大地震，出現糧食危機，我就把員工和他們的家屬安排到安比基地，讓他們自己養活自己。」

讓團隊中的合作與獨立相平衡

對工作類型和工作方式，每個人都有個人的需求和喜好，這些喜好可以是環境方面的、任務方面的，也可以是關係方面的。

醫生大多建議人們與他人共同工作，但是也有些人更願意獨立工作，也許與他人很少或根本沒有接觸，會讓他的工作更出色。

儘量讓任務及完成工作的方式符合個人喜好，如果不能使某項工作符合部屬的需求和需要，就要考慮把該部屬換到其它類型的工作上。部屬與工作搭配得越好，業績也就越好。每個人都有獨特的知識、技能、能力、態度和才能，每個優秀的部屬都是一個特殊的組合，為了最充分地利用這些資源，要容許部屬按自己的喜好改變工作方式。

在設計或重新設計一項工作時，要考慮正在此崗位上工作的部屬，應該充分利用該部屬的長處，以最有效的方式指派公司的各種職責。透過指派不同的工作給團隊成員，能夠大大提高生產力和部屬的滿意程度，他們對任務安排方式，尤其是安排給自己的工作越發滿意，就越有可能留下來。

一個可由單人完成的工作，如果是由兩人或多人合作來完成，可以帶來更多的樂趣，而且完成得更迅速，更有效率，也更有效果。

工作環境應該在空間上、職責上和心理上有利於部屬共同工作，如果不是，則應作適當的調整以利於團隊工作模式。如果不給部屬提供足夠的空間、設備和適當的佈置（如獨處的空間，可翻動的卡片，擺放紙張的桌子），就等於向部屬表明：管理者並不希望他們相互協作。如果他們因缺乏交流而使得生產力下降，就應該仔細檢查一下管理者是怎樣鼓勵或阻止部屬共同工作的。

管理者通常都能夠很好地協調和支援部屬群體構建有利於生產力的一對一的關係，卻不太擅長建設團隊。要讓部屬知道管理者喜歡他們一起工作，告訴他們管理者非常希望他們更多地與同事一起工作以提高解決問題的能力，並提供半固定的機會讓部屬交流、合作，並作出更好的業績。

進取的部屬是極富有價值性、積極性的資產。有時，他們不受約束的熱情會導致不適當的行為，給進取的部屬和公司造成麻煩。所以就要建立合理的規範，使部屬在其規定的範圍內行事。最好的方式就是放寬限制，可以有許多靈活性，給部屬盡可能多的空間以發揮其能力。

有兩種層次的「限制」似乎最有效。首先是部屬在哪些領域可以不受約束地履行職責；其次是當超越規定的範圍時，要求部屬在繼續進行之前獲得管理層的許可。

部屬確實很想知道對他們的限制。這更堅定了其對自己所享有的自由的信心，同時也希望瞭解到組織控制是存在的。

鼓勵主動工作

主動精神可被定義為團隊成員在被告知或被指定做什麼事情之前主動地做事，它意味著主動去做什麼而不是告訴什麼才做什麼。

多數管理者都喜歡看到自己的部屬更具有主動精神，有些經理擔心部屬會做得過火，但多數人寧願到時候再介入並規定一些限制也不事先制定一些規範。

優秀的部屬希望採取主動，但他們經常受到經理或主管的束縛，而這些束縛部屬的人卻又希望部屬採取主動，這是因為經理在自己未意識到的情況下，向下屬傳遞了不許採取主動的訊息。

在部屬採取主動之前，一定要相信自己有職責，有權利，有責任去採取主動，缺少這些信念，就不會採取主動。所以，經理必需告訴每一團隊成員他有採取主動的職責，並向其解釋清楚這種職責。

如果部屬採取某種主動，卻招致經理的干預，其繼續採取主動的可能性就會大大減少。對部屬採取主動給予積極支援是非常關鍵的，要讓他們知道經理希望他們對需要做的事情承擔職責，並且很欣賞這種行為。

經理需要對部屬在工作的哪些方面享有主動權給予明確的說明，如果權力的界限模糊，有些人就傾向於選擇較為保險的方式，有些人則會超越自己的權限並有可能為自身或為工作帶來一些麻煩。

讓團隊成員理解他們在何種情況下可採取主動而無需徵得經理的同意，告訴他們如果因為需要在某些領域採取主動而來找經理商談，經理會給他們某種特殊的權力使工作得以繼續進行。

一個關鍵的問題是責任，太多的部屬沒有認識到自己有責任在工作中採取主動。作為管理者，此時可以直截了當地告訴部屬，如果覺得有什麼事情該做，他們有責任採取主動。

激發創造性，鼓勵創新

優秀的團隊成員在鼓勵其創造性、鼓勵其尋找新方式的環境中能夠更好地成長，當這些人有在工作中進行創新的自由並得到支援時，就會更加願意留在能夠提供此種機會的公司裡。

但有很多部屬的觀點是管理人員並不認為他們有創造性，應該嘗試用新方法來做事情。那些希望在任何時間都要用同種方式來處理事情的管理人員並不贊同創新，把程序看得比結果更重要。雖然觀念如此，但可以改變它。

讓部屬知道經理是鼓勵新想法的，讓那些處於一線的部屬發表更多的建議。許多公司有積極進取的計劃來為提出建議並得到實施的部屬提供現金獎勵、讚揚以及其它激勵方式。積極地尋找更好的方法已成為企業文化的一部分。

建議計劃至少應有一個反應制度以便讓部屬知道經理確實對聽取建議感興趣。提出的建議和管理人員的反應可以張貼在公告欄上，解釋清楚為什麼有些建議不能被接受，無法實行，這是非常重要的。沒有這種回饋，部屬會認為根本就沒人在意他們的建議。

只要有可能，就容許並支援部屬去嘗試他的新想法，可以是正式的，並做好計劃和預算，也可以是非正式的，只是傳達給部屬容許他去嘗試的訊息。

嘗試新設想總有失敗的風險，儘量容許嘗試新事物的部屬有失敗的可能。當然，部屬也不希望失敗，但得到支援時，會主動、大膽地嘗試新事物。

如果管理者不清楚自己的部屬是否認為自己鼓勵他們進行新方法的嘗試，可以問問部屬，然後根據瞭解到的訊息，進行適當的溝通以傳遞或加強這種觀點。

part 3

用不一樣的手段
追求不一樣的管理效果

管理需要「手段」，這一點毋庸諱言，
因為管理者面對的是紛繁複雜的情況，
常常需要解決一些難以解決的問題，
一概以簡單、明白的方式去管理會置自己於被動的地位。
這時候，用一些招法，耍一點手段，
只要並非以害人整人而是以解決問題為目的，也就沒有什麼不妥。

Master in problems
Solve Management

學會控制一下自己的形色

身居管理位置的人，最忌別人一看你的臉色、一聽你的言辭就知陰晴寒暑、雨雪風霜。為什麼？如兵法云：兵不厭詐，虛則實之，實則虛之，能而示之不能，戰而示之不戰。

如果你不能推行詭道，不懂得心藏九天玄機，你就難以做到含而不露。如此，便會顯現兩大弊端：一是你的部屬可洞悉你的心靈，使其可施展反操縱術，把你操縱於手心之中。二是你的觀點、主張、決策、安排很容易被敵手掌握，那樣，你就只有等著葬送自己了。

要做到喜怒不形於色，最關鍵就是要含而不露，含而不露的優勢在於，讓敵手充分暴露，並且讓他無法搞清自己的意圖。攻之，可乘其不備；擊之，可自由安排。

喜怒不形於色的要點是：一、在你欣喜或煩悶時，讓別人看不出來，喜怒哀樂不露於形。二、你的色或許是你內心的反面，又或許是你內心的表現，但都能達到你自己想達到的目的，都能為你的管理目的服務。

喜怒不形於色，含而不露必須要把握住迷惑對手的度，如果把握不好，過猶不及。在適當的時候也不妨「虛則虛之，實則實之」，以攪亂對方的判斷思維。當然這種手段是必須控制在不使自己受到嚴重損害為前提的。喜怒形色含而不露還應控制在讓手下人能明白你的真實意圖的度之中，否則，也會貽誤事機。

當年劉備寄曹操籬下，青梅煮酒論英雄之際，難道一個雷鳴電閃果真能嚇得劉皇叔酒杯掉落？這也不過是劉備藏鋒隱芒的一種表演罷了。倘若此刻曹操看出端倪：此公日後將割據蜀國與我一爭高低，那劉備死在臨頭了。

但藏而不露的根本目的不在藏而在露，你必須看準時機，在該露的時候毫不猶豫，立刻脫穎而出，當然，在藏的時候，並非被動地四處躲藏而是藏中有露，時而藏時而露，神龍見首不見尾，這樣才能保證他日時機一到，你能一出必成。

藏與露的時機實在難以掌握，何時當藏拙，何時當露鋒芒，是沒有一定之規可循的，只有相機而動，適時而出。在一個團隊之中，其成員都追隨實力安排自己的行動。通常，企業管理中一把手應該時時處處顯示自己的實力和威信，第二、三把手應該在隱藏自己，循序漸進，擴張勢力的同時，顯現其給予人以希望的力量。兩者的目的都是一樣，也即爭取更多員工的支援。在一號位，有一號位的爭取法，在二號位、三號位有二號位、三號位的爭取法。如果盲目求進，只會給自己帶來麻煩。

剛升職的管理者為什麼變「傲」了

要想客觀地分析和評判一個人，最好就是從其所處的環境入手，設身處地進行體察和思考。

有很多時候，人們之間彼此的誤解、猜忌等等，就是因為人們觀察問題時喜歡從自己的好惡和立場出發，從而造成主觀對客觀的扭曲。確實，有的人一旦從普通員工成為管理者，或者從低一級的管理者晉升為高一級的管理者，就沾沾自喜，過去被壓抑的心態就很快暴露出來了，覺得自己很了不起。但是，還有些時候，其實管理者並未「傲起來」，只是觀察者帶著有色眼鏡看人，從而得出了不客觀的認識。

從心理學的角度分析，真實的情況常常是這樣的：有些人看到某人又升了職，從專案主管升為某重要業務部門的經理，心中就不免生出幾分擔憂，「自己會不會被冷落？」「我們的關係是否還能維持下去或更進一步？」……所以，用這種帶有傾向性的目光來看他，難免就像那個「鄰人偷斧」的寓言，人家對其或許只是一個無心的忽視就被他看做是有意的疏遠。於是，心理上的失落和嫉妒難免油然而生，他變傲了就成了許多人的解嘲語。

其實，只看到「管理者傲了」這一假象是因為並沒有設身處地地去理解他。

在許多時候，管理者不是變得「傲」了，而是為了應付從一個管理十個人的位置升到管理一百個人的位置上，而你的地位則要從由其它九個人來衡量變為由其它九十九個人來衡量，一般說來，每個人的重要性都是會有所下降的。正如一勺鹽放到一碗湯與放到一鍋湯一樣，其效果肯定是大不相同的。這是自然界與人類社會的一個普遍法則。

從另一個方面而言，管理者也不可能有那麼多的精力去處理這麼複雜的人際關係問題。他也不可能去做「等距外交」，所以，他只能採取有近有遠、有親有疏的方略，才能夠把人際關係協調好，做好各項工作。

美國有一個叫格蘭庫納斯的組織學家，他曾用數學的方法證明，管理者每增加一個下屬，其直接單獨連絡的數量就會按算術級數增加，而其內含交叉連絡和直接團體連絡的相應的連絡總數，則會按指數比例增加。

可見，管理者的升遷往往還意味著其人際關係網路的巨大調整，管理者不只有要處理與下級的關係，而且還要花很大的力氣去處理與上級和同級間的關係，這對他來說真是一個非常繁重而又耗人心力的事情。

所以，剛升職的主管有意地疏遠或無意地疏忽了某些下屬是可以理解的。他並不是「傲起來了」，而是因為他沒有那麼多的精力、也沒有那種必要去照顧每一個下屬的情緒。「等距外交」對管理者來說反倒是一種缺乏管理藝術的表現。

學會巧念緊箍咒

看過《西遊記》的人都知道，孫悟空是眾神中最難馴服的一個，但他為什麼對唐僧俯首聽命、唯命是從呢？因為唐僧會念緊箍咒。雖然唐僧既不會騰雲駕霧，又不會什麼變化，但他卻掌握了管住孫悟空的法寶。

諸葛亮是中國傑出的政治家、軍事家和外交家，他在民間一直被視為賢相的典範、智慧的化身。他在管人方面，不只有善於用人之長，還能巧妙地利用下屬的某一方面的缺點，讓他們像戴上了金箍的孫悟空，本領再大，也得聽他調遣。

早在劉備三顧茅廬時，諸葛亮就為他設計出一套成功的方案：占荊州，據蜀地，東和孫權，北拒曹操，以待時機統荊州之兵，進據宛洛；率益州之師，出擊秦川，以興漢室。諸葛亮出山之後，就是借此藍圖來輔佐劉備的。建安十三年，曹操基本平定北方後率大軍南下，旨在消滅劉備、併吞江南。此時劉備兵少將寡，軍事上連連失利。諸葛亮認為，劉備的唯一出路是聯合孫權，打敗曹操，先有立足之地，再圖發展。於是他親自出使東吳，舌戰群儒，說服孫權，智激周瑜，促成了孫劉聯盟。

又從多方面說明周瑜，為即將開始的赤壁之戰的勝利打下了堅實的基礎。根據諸葛亮的判斷，曹操兵敗赤壁後必經華容道出逃，屆時生擒，如囊中取物。但捉後如何處置，倒成了一大問題。

他反覆分析後認為：如殺之，則中原群龍無首，勢必四分五裂，你爭我奪，東吳便會乘機向北發展。一旦時機成熟，將會掉過頭來吞併劉備。如不殺，也已滅其主力，一時無力南侵，還能牽制孫吳。若如此，劉備則可乘機占領荊州，進軍巴蜀，正符合他隆中對時的設想。

有鑑於此，諸葛亮便考慮起人員的調配。他認為，張飛坦率急躁，捉住曹操後是不會放走的。趙雲忠貞不貳，捉住曹操是不敢放走的。而關羽，他不但義氣如山，還曾受曹操厚恩，而且是主公二弟，捉曹後定會釋放。何況關羽還有一大缺陷：素憑百戰百勝的威名有時傲氣太重，若抓住他「捉放曹」的小辮子，也可屆時給他點限制。

主意已定，諸葛亮便將張飛、趙雲、劉豐和劉琦一一派出，唯對身邊的關羽置之不理。關羽忍耐不住，就高聲斥問：「我歷次征戰，從不落後，這次大戰，卻不用我，竟是何意？」

諸葛亮故意激他：「關將軍莫怪！我本想派您把守一個最重要的關口，但又一想，並不合適。」

關羽很不高興地問：「有什麼不合適的呢？請明講！」

諸葛亮說：「想當初您身居曹營，曹操對您多方關照。這次他慘敗後必從華容道逃竄，若您前去把守，必會捉而放之！」關羽抱怨他未免多心，還說自己斬顏良、誅文丑、又解白馬之圍，早已報答了曹操。若再遇他，決不放行。諸葛亮仍以言相激，終於激得關羽立下了軍令狀，才領兵去華容道埋伏起來。

果然不出諸葛亮預料，曹操在赤壁不但被周瑜燒掉了他苦心經營的全部戰船，還燒燬了一連串的江邊大營。曹兵被火燒水溺、著槍中箭，死傷不計其數。曹操倉惶出逃，又一路遭到趙雲、張飛的伏擊，最後只剩二十七騎，且又人困馬乏，狼狽不堪地來到華容道。突然，關羽橫刀立馬擋住了去路。曹操嚇得渾身癱軟，不住地乞求關羽饒命。其隨從也一個個跪地乞憐。關羽終於念及當初，隨起惻隱之心，不顧事先立下的軍令狀，高抬貴手放走了曹操，灰溜溜返回大營。諸葛亮又照事先設想，特地迎接關羽，更使關羽無地自容。當關羽有氣無力地稟報了原委，諸葛亮裝作惱怒的樣子要對他處以軍法，劉備一再求情，才免了關羽死刑，令他戴罪立功。

諸葛亮精心設計的「捉放曹」，完全達到了預期的目的。後人每談及此事，都讚揚說：「諸葛亮智絕，關羽義絕。」而諸葛亮之智正在於達到自己策略設想的同時，還順便以「抓小辮」的方式制服了平常不大服從管理的下屬。

掌握管理中的平衡術

在管理活動中，有時會遇到這種情況：你的下屬分為不同的派別，每一個派別都擁有自己的力量。在這種情況下，如果你還沒有實力將他們一一掌控，平衡各方力量以達到對全局的管理和控制就成了首要之選了。

東晉是一個沒有秩序的社會。當時，北方早就天下大亂，叛亂、夷侵、裂地為王者不計其數。南方的東晉朝廷也處於各種力量的衝突之中，如中原來的貴族力量、江南望族、皇親國戚等等。他們彼此之間的利害關係各不相同，王導意識到國家根本就沒有一個共同的奮鬥目標，此時，穩定才是最為重要的。這樣，王導就明確了自己的使命：平衡各方關係，極其務實地消除社會衝突。總之，面對大風大浪和急流險灘，小舟不沉就是勝利。

為了團結南方望族，王導不顧北方人的蔑視，平時與人交往多用南方語氣，還向南方的陸氏家族提親。陸家是吳國名將陸遜之後，聲望極高，他謝絕了王導的提親，但是王導並不在意。平時處理政事時，出身南方望族的下屬有冒犯之處，王導也多於體諒，不當回事。如果對方言之有理，還予以採納。所以，傲氣的南方望族感到與王導還合得來，與東晉王朝的關係也融洽多了。

南遷的中原貴族也是一支舉足輕重的力量。王導本人是北方士族出身，自然有控制力。一次，這些北方名流在建康郊外歡宴，席間忽然有人嘆息道：「此地雖然風景美麗，但終非故國景色，洛陽真是令人懷念啊！」在座諸人無不相顧揮淚。這時，王導嚴厲呵斥道：「正因為故國異色，我們更得團結一致，振興晉室，哭有什麼用呢？」眾人於是紛紛拭淚，併發誓復國。

但是王導明白，在當時的情況下，復興晉室只是內聚北方士人的公關手段，在他的內心，若能安定東晉已是極為不易的了。所以，主戰派多次提出「北戰收復失地」的主張，均未得到王導的支援。對於北伐名將祖逖等人，東晉王朝的態度也是消極的，因為從穩定的角度考慮，以北伐為國策並不符合南方望族的意願，而且，一旦大肆北伐，新形成的北方勢力也可能危及東晉王朝。既團結北方士族又協調朝廷的關係，就此而論，王導的原則是成功的。

有一次，叛軍攻打建康，將軍溫嶠擅自將皇帝巡幸必往的朱雀橋燒掉了。皇上知道後暴跳如雷，但是溫嶠並不在意，連道歉的意思也沒有。王導知道此事可能會造成的後果（或者它本來就是一種信號），於是匆忙趕來為溫嶠說情：「皇威之下，溫嶠不敢說話，請皇上面察。」這既保住了皇上的面子，也給溫嶠一個臺階下，溫嶠也就勢道歉，化解了一場可能產生的內亂。

平時，對於各地的叛亂，王導盡可能大而化小。如此做法自然令人不滿，但是王導也有其苦衷。對於一個虛弱的王朝來說，不顧一切硬拼可能遠不如忍耐一時、等待變化更為明智。當然，王導對軍隊力量也並不是毫無節制的。譬如，他極力強化貴族的威勢。有時候，叛軍甚至已經占領了都城，並想當皇帝，至少來個挾天子以令諸侯。但是，一掂量，感到軍隊的威勢還遠遠不夠，結果，還是得將王導抬出來，這不能不說是個奇蹟。

對於東晉朝廷，王導的原則是極力推崇它的皇威，以此號召天下。同時限制皇族勢力的發展，使政局不致失衡。在公開的場合，王導是誠惶誠恐，禮數週到；當他獨自面對君王時，又敢於犯顏直諫，甚至直言無忌。一次，晉明帝問溫嶠，自己的司馬氏祖先是如何統治天下的，溫嶠一時語塞，不知如何回答，王導說：「溫將軍時值壯年，不熟這段歷史，就由微臣代他回答吧！」於是，王導從司馬懿如何清除異己開始，一直到司馬昭是如何殺害魏王曹髦，諸般險事一一道來，毫無隱瞞。明帝聽了不禁為之嘆服，說：「如此看來，朝廷的命運也是在天之數了。」

當然，王導之所以能這樣做，除了高超的平衡原則，還在於王氏家族有著巨大的力量，當時諺語曰：「王與馬，共天下。」但是王導也知道，對王姓家族的勢力若不加以限制，也會破壞脆弱的平衡關係。

東晉的建立，王導與其堂兄王敦出力最大。後王導任宰相，而王敦任大將軍，領重兵在外。如此局面，又使得皇帝有傀儡之感，便有意削弱二王之權。王導不動聲色，頗令士大夫同情，王敦則不然，他本來就有野心，乾脆藉口除奸而率兵殺向建康。

以當時的客觀力量而言，朝廷遠不及王敦，而且宮中也有議論，認為王敦造反有理。但是王導心裡絲毫不願與王敦合謀，他認為唯有司馬氏才是安定的象徵，王氏家族在安定的情況下，不必因此而失衡，否則王氏家族同樣遭到迫害，何況以王敦的個性，一旦大權在握必定釀成大禍。

於是，就出現了這樣有趣的一幕：一面是王敦的造反；一面，王導卻率領以四個族弟為首的二十餘位族人，每日清晨去中書省自請裁定。當時，朝廷雖然也有人上書要滅王門九族，王導也清楚，晉元帝不敢那麼做。但是他仍透過各種管道疏通關係，終於重新獲得了元帝的信任，元帝賜其「大義滅親，一代忠臣」的詔書，將國家大事重新委託給了王導。趁著王敦的叛亂，王導在朝廷中的地位反而變得更加穩固。兩年以後，王導發兵滅了王敦，消除了危及平衡的大障礙。本來，王敦叛亂，王氏家族理應受罰，但是皇帝卻做了非常處理：「王導大義滅親，應恕其罪至百代之後。」王氏家族從而得以延續。

公元三三九年，六十四歲的王導去世。他先後擔任三任宰相，自身沒有任何積蓄，然而卻以其獨特的平衡原則，團結了各種社會力量，在風雨飄搖之中維持了東晉王朝的存在和社會的安定。而這，又不能不說是戰亂之世的一大奇蹟。

我們現代的管理者，在企業處於內憂外患時，如何保證企業的穩定並求得發展，王導的平衡各方勢力的做法就很值得我們學習借鑑。

平衡力量不要搬石頭砸自己的腳

平衡術雖有效，但並不是誰都能用得好的，也不是對什麼下屬都能用的。管理中需要平衡術，但也講究放手用人，如果將可靠的部下定為平衡的對象，用不可靠的人來「平衡」他，只會搬起石頭砸自己的腳。

我們對三國時期蜀國的第二代君主、劉備的傻兒子阿斗都不陌生，但是對他於諸葛亮去逝後竟也用平衡術管理臣下恐怕知者甚少，只不過他的大腦實在被劉皇叔摔出了毛病，以致於他「平衡」的對象竟是忠心護國的姜維，其結果也就可想而知了。

建興十二年（西元二三四年），諸葛亮去世後，姜維回成都，升右監軍輔漢將軍，統帥諸路大軍，加封平襄侯。與蔣琬、費韋一道總理軍國要務。

後來，蔣琬、費禕、董允相繼去世之後，姜維成為蜀國的主要軍事首領，帶兵征戰在外。

而此時，朝中後主劉禪不思進取，政治被陳祗、黃皓一班人把持。

黃皓為宦官，與陳祗內外勾結，操持了後主。延熙五年姜維率兵出漢中伐魏，但又被魏將鄧艾打敗。姜維擁兵討敵，連年攻戰，又沒有取得突出的軍事進展，於是黃皓等人便開始在朝中弄權，排擠姜維。後主怕姜維力量過大會影響到自己的安全，就想限制他的權力。

為了鉗制姜維，他重用黃皓，黃皓又重用馬忠的部下閻宇，擢升他為右大將軍，他們內外呼應，黃皓要用閻宇代替姜維。姜維也覺察到此陰謀，就在延熙六年上書後主並期望後主殺掉黃皓，後主答說：「黃皓只不過是一個奔走小卒而已，以往董允也切齒痛恨，我常常心中過意不去，你何必介意！」

姜維見黃皓的關係網盤根錯節，便緘默不再多說。後主飭命黃皓到姜維住處謝罪。姜維為了避禍，佯稱到關中種麥，就引兵離開了成都。

由於黃皓的鉗制、掣肘，蜀國前線一敗涂地。

姜維上疏後主說：「據說鐘會屯兵關中，準備進犯，我們應派大將張翼、廖化分別領兵護守陽安關口和陰平橋頭，以防患於未然。」

但是黃皓為了抑制姜維，居然誆騙後主，假托巫鬼迷信之道，稱敵軍肯定不會到來，讓後主放心享樂。

由於失去必要的防備，魏軍很快就攻陷成都，滅亡了蜀國。劉禪雖用了平衡術，但不得要義，亂加鉗制，結果滅國亡身，自食其果。

善用「以下制下」之法

當對自己的下屬有所懷疑之時，下屬的下屬倒可以成為一個能夠利用的力量。

帝王對於權臣，除用分、隔手段削弱其權勢外，還扶植新的權力中心，以削減、抵削原有權力的中心。這是「以臣馭臣」的辦法。從中國歷代宰相權限的逐步縮小和權力中心的不斷轉移可以更好地理解這一辦法的使用。

封建時代，宰相是帝王的副手，「相」字本身含義即有說明、輔佐之意。君相合力，共治天下，宰相處於「一人之下，萬人之上」的高位，為帝王處理大量政務，君、相之間難免齟齬。善相處者，從大局出發，相互讓步；不善處者，君、相馭事，不免釀成衝突。賢明宰相要約制殘暴、昏庸之君；英武君主，容不得能力太強的相臣，加之歷代相臣篡位者時有發生，帝王總是設法削弱宰相權力，王權與相權之間鬥爭幾乎貫穿全部封建政治史。用牽制手段，以抑損相權，是帝王與宰相鬥爭的主要武器。

秦漢時期，丞相權力很大，用一語概括：丞相輔佐天子，助理萬機，上至天時，下至人事，幾無所不包，無所不管；丞相不但為國家最高官吏，還是輔佐皇帝補其缺失唯一人臣。

秦漢時期，君主高高在上。君主若有差失，只有丞相能夠諫阻，良相應當以此為己任。丞相對皇帝詔令如有不同意見，可以面折廷爭，甚至拒絕執行。

對此，皇帝很不放心。因此自西漢武帝以後，首先用尚書一職以分丞相拆讀奏章的權力，繼而提高太尉、御史大夫的地位，使之與丞相平級，並將此三職先後更名為大司徒（丞相）、大司馬（太尉）與大司空號稱「三公」，從而改變丞相無所不統的局面，將一相變成三相。至東漢，原先由丞相執掌的政務，全歸屬尚書台，三公徒擁虛名。

唐代承上啟下，在前朝官制基礎上，正式設立「三省制」。即由中書省掌制令決策，起草詔令；門下省掌封駁審議，對中書省所制定詔令如有不同意見，有權批改復奏，然後下達尚書省；尚書省負責執行，其下分設六部（吏、禮、戶、兵、刑、工）分管各部政務。

三省長官都可參與國計，均為事實上的宰相。同時，皇帝還可以讓層級較低的官員，帶上「同中書門下三品」、「同中書門下平章事」、「參知政事」頭銜，參與三省長官聯合辦公，這些官員亦可視為宰相。這樣，秦漢時一個丞相所承擔的政務，已由三個機關與十數名官員分別擔任，以期達到相互制約的目的。

三省分權，可以相互檢查，發揮到制衡作用，有利於君權對相權的控制，這是皇帝建立三省制的真實意圖。但施行起來，頗多不便，互相牽制，不易推行政事，其弊端連皇帝本人也很難看出。

所以，貞觀元年，唐太宗任王王圭為侍中時，有鑑於此對王王圭道：「國本置中書，門下以相檢查。中書詔敕或有差失，則門下當行駁正。人心所見互不相同，苟托難往來，務求正當，捨己從人，亦复何傷?比來或護己短，遂成怨隙；或苟避私心，知非不正。順一人之顏情，為兆民之深患，此乃亡國之政也。卿曹各當循公忘私毋雷同也」。太宗此語，確實道出了三省分工的弊端。太宗用意，固在教育當官者，遇事「循公忘私」，既不苟公，又不固執，則國家政治可望清明。

但皇帝此種教誨，還須從制度上予以落實，才能收到長久之效，因而有政事堂的設定。政事堂初置門下省，後遷中書省，為三省長官辦公機關。

宋代將宰相所掌民政、軍政、財政之權進一步分割開來，改由三個機構分別執掌，使之互相牽制：中央最高行政機構為中書門下，其長官同中書門下平章事（簡稱「同平章事」），參加政事，一般被稱為正、副宰相，但實際所理政務只限民政；總理軍務最高機構為樞密院，類似後世國防部，其長官樞密使又有「樞相」之稱；中央最高財政機構為三司，總攬各地貢賦予國家財政，其長官三司使又稱「計相」。三個機構彼此獨立，互不相知。

真宗咸平時期，田錫上書曾言：「樞密公事，宰相不得預聞；中書政事，樞密不得預議；以致兵謀未精，國計未善。」

三機構嚴格分職，是宋天子集權於一身，其餘政事，遂產生流弊。例如景德四年，中書命祕書丞楊士元通判鳳翔府，而樞密院也在此時命之掌內香藥庫，兩府不通氣，宣敕各下，互相牴觸。楊士元之任命發生矛盾以後，詔令從此時起，中書所行事關軍機及內職者，報樞密院；樞密院所行事關民政及在京朝官者，報中書。於是二府行事，相互有個招呼。但是以後這種分職界限，漸被打破。

明仿元制，中央設有中書省，由左右丞相總理六部；地方設有行中書省，統管地方軍事。這一制度就中央而言，大部分權力掌握在丞相手中，地方上行中書省權力也很大，這對皇帝朱元璋來說，很快感到威脅，不能容忍。

於是，他首先從地方開刀，將行中書省一分為二，互相牽制，以承宣布政司掌握民政與財政，以提刑按察司掌管刑法，以都指揮使司掌管軍事，互不統屬，直屬中央。凡遇重大政事，須都、布、按三司會議，上報中央有關機構。並對於中書省採取措施，即下令中書省、大都督府、御史台「同議軍政要事」，以此牽制中書省。

中書省內部，設有左、右丞相，互相制約。不久，朱元璋借處理丞相胡惟庸謀叛案件之名，廢除中書省與丞相制，將其權力歸屬六部，提高六部職權與地位，由六部尚書直接對皇帝負責。至此，皇帝權力之大，幾乎類似秦始皇，君主專制已發展至頂端。

明代仁宗以後，內閣大臣權力漸重，品級亦有提高，皇帝用內廷司禮監代替自己處理政務，使之凌駕於內閣之上，以制約閣臣。清代對軍機處權力，亦有種種限制。軍機處官印收藏於「大內」，凡有須用印信時，必須奏事太監處「請印」，用畢即行歸還；皇帝處理政事，除透過軍機處外，還由皇帝與親信密折往還，如有必要，皇帝可避開軍機處，直接召見大臣「面為商酌，各交該衙門辦理，不關軍機大臣指示。」

當然，現代企業管理與封建專製片度下純粹為了保住皇帝個人的權力的目的是完全不一樣的。管理要以史為鑑，就是要從中汲取有益的養分，而不可良莠不分。

不要輕視「推」的作用

在管理活動中，「推」是一項經常運用的管理藝術。其基本含義是：在推行既定目標或新的舉措過程中，對所遇到的諸多障礙因素不採取直接的消除措施，而是運用時空的自然跨度，促使障礙因素自我化解或消除，從而促成與團隊意志相一致的行動。

不要把「推」的藝術與優柔寡斷等同起來，與當機立斷、果斷處置對立起來。「推」的藝術既有明確的目標，又有達到目標的行為。

「推」的藝術的產生和運用，在主觀上不是管理者的主觀衝動，也不是管理者的無能失控；恰恰相反，是管理者全盤把握、合理控制的高超原則和審時度勢的能力在行為上的集中反映。

「推」的藝術運用範圍十分廣泛，大到策略問題，小至一次談話，長到一個時期，短至幾分鐘，甚至幾十秒鐘都可以成為「推」的藝術運用的時空。

任何事物的發展都有一個產生、成長、暴露的過程，任何問題的解決都需要一定的主客觀條件。

管理者判斷一個事物可以不可以「推」，主要是看這一事物的發展規律是否得以顯現，解決這一問題的主客觀條件是否成熟。「推」就是選擇最佳時機、最佳環境。

當有人提出某件事情要求處理時，你對這件事情一無所知，情況不明，難以作出正確的判斷和處理，在這種情況下，不能簡單地給予肯定或否定的回答。這時可以說：讓我瞭解一下情況再答覆你。

「推」的目的是為了把事情的來龍去脈了解清楚，然後再做決定。

遇到下屬職權範圍內的事情時，如果下屬能夠自行處理，管理者不要越俎代庖，取而代之，而應「推」給下屬。

下屬沒有把握或感到無力處理的事情，領導者也不應急於處理，可先讓下屬拿一個處理意見，在此基礎上，對其進行指導和糾正。

當某人面臨某個問題或某種情況，需要正確對待，思想認識也有待提高時，「推」就用於等待提高認識。

管理者使用「推」的藝術，有其自身內在需求和運用範圍，不可不看條件和對象亂用。否則，會如同守株待兔一般得不償失。

運用「推」的藝術要根據客觀實際，靈活地採取適當的方法。管理者對推行意圖過程中的問題不太瞭解，不熟悉，或是所遇到的問題非常尖銳，或是在討論會上一時達不成一致意見，抑或透過的人數超過不了半數，或是員工和下級對主管的管理意圖暫時不能服從，諸如上述問題就要採取「懸球法」，把問題擱置起來，放一段時間，待眉目清晰，相異之處有了統一的基礎，再行處理。

在管理團隊或下屬中，常常會遇到一些個性突出難與他人相處的人，或固執古板，或舉止粗俗，或惡語傷人，或針鋒相對，會使管理者陷入無謂的糾纏中去。在這種情況下，可以採取「推」的手段，讓時間和事實說話。

管理者在工作中，首先要看事實，視事而定。一定要分清事情的輕重緩急，對急需處理的事情，就應立即處理，不可隨便硬推，推了不只有要誤事，還會影響你與當事人間的關係，你把他推出去，他對你肯定會有意見。

他去找別的管理者，別人又會認為你在推卸責任，進而影響管理者之間的關係。

因此，該自己辦的事，不要推給別人，該現在辦的事，不應拖延時間。「推」還要看對象，因人制宜。

有些問題的處理，還要因人而異，要考慮到當事人的個性，看其接受程度如何，「推」能不能取得預期效果、達到「推」的目的。如果當事人接受不了，容易產生逆反心理或誤解，加深矛盾，甚至會引發新的問題。比如，性急的人不到黃河心不死；魯莽的人，自我控制能力比較差。

遇到這種現象，最好不要推，推了會使矛盾加劇，甚至激化，產生難以想像的不良後果。

再次要看火候，適可而止。

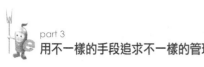

有的事情可以「推」下去，一推到底，不言自明，自生自滅。有的事情「推」到一定程度就要適可而止。因為事物隨著時間的推移會不斷髮生變化。

因此，「推」不是放手不管，一推了之，而要密切注意觀察其發展變化情況，把握好火候，適時進行處理，以期達到適時適度、恰到好處，妥善解決矛盾和問題的目的。

在管理工作中，「推」只是可以運用的工作方法之一，不可不分青紅皂白，隨便亂「推」，而要對具體問題作具體分析，爾後選擇「推」還是不「推」，「推」到何時何樣，才能更好地解決矛盾處理問題，收到事半功倍的效果。

part 4

授權者的監管必不可少

授權不是把權力一放了之，授權之後的監督、跟進、管理必不可少。有的管理者常常苦惱，權力怎麼總是一放就亂、一收就死呢？其實根源就在於沒有解決好授權與監管的關係問題。

高明的管理者不會把權力一放了之

絕對地看待問題是管理工作的大忌，就授權來說，把權力下放給下屬，切不可做「甩手掌櫃」，不管你對下屬多麼信任，在一些關鍵問題上該過問的一定要過問。

許多管理者常常會將信任與放任混為一談。放任員工的後果是：不但把放權的成績沖得一乾二淨，還會殃及整個企業。身為管理者不可不防！

有的主管每次向員工交代工作時總是說：「這項工作就全拜託你了，一切都由你做主，不必向我請示，只要在月底前告訴我一聲就可以了。」這種授權法會讓員工們感到：無論我怎麼處理，主管都無所謂，可見對這項工作並不重視，就算是最後做好了，也沒什麼意思。主管把這樣的工作交給我，不是分明小看我吧？

不負責任地下放職權，不只有不會激發員工的積極性和創造性，反而會適得其反，引起他們的不滿。

對放任進行預防的最好辦法，就是監督。

高明的授權法是既要下放一定的權力給員工，又不能給他們以不受重視的感覺；既要檢查督促員工的工作，又不能使員工感到有名無權。若想成為一名優秀的領導人，就必須深諳此道。

一手軟，一手硬；一手放權，一手監督。這樣的主管才算深諳放權之道。

有一位在工作中經常成功地運用授權的公司主管這樣描述他的工作職責：我每天的工作成分，有百分之九十五是為了未來五年、十年、二十年做預先計劃，換句話說，是為未來而工作。至於那些已經試辦並有成例的事我很少插手，最多只管百分之五的事務，其餘都歸常任人員去做和負責，我只定期花少量時間去檢查他們的進展如何。

授權之後，主管的角色由工作的實施者變成工作的控制者，只有完成這一角色轉換，授權才能走上合理、有效執行的軌道。

然而，並不是所有的主管都能意識到這種轉變，他們還不知道怎樣在具體工作之外，獲取有關工作的重要訊息，實施有效的控制。

當財務副總經理喬和總會計師傑克走進公司董事長的辦公室時，正碰上董事長大發雷霆，他吼叫道：「為什麼沒有人把情況向我報告，為什麼我不能知道這裡的工作進展情況，為什麼把我蒙在鼓裡？沒有人向我報告過這家公司的情況究竟怎樣？在公司的問題沒有變成危機之前，看來我決不會聽到有誰向我提出存在的問題的。從今天開始，我要求你們兩位設計出一種使我能夠訊息靈通的系統，並且還要求知道第二天你們將做什麼。即使我是要對這家公司負責的人，但我對必須知道的事情卻一無所知，我也得滾蛋。」

喬離開董事長的辦公室時，他轉向總會計師傑克，嘀咕起來：「真是蠢貨！他想要知道的，或者他可能需要知道的一切都有報告，就放在他的辦公桌後面的文件架上。」

確實，權力的收與放是一對矛盾體，收之過緊則扼殺創造性，放之過鬆則會造成局面的失控。管理者不只有要懂得放鬆，還要懂得怎樣去做、放到何種程度。

有限度地懷疑是防止授權失控的良方

用人不疑是人們津津樂道的管理之道，但管理者必須清醒地認識到，管理者在對權力的下放上，懷疑才是「主旋律」，而信任只是原則性的、戰術上的。

明智的管理者都懂得這樣一個簡單道理：凡事皆有度。你相信一個人，必須找出足以支援你論點的相關事實。不管是直覺還是事實，這些證據都必須是可靠和有說服力的，至少應能足以使你自己確信：這個人值得信賴，我應相信他的為人與能力。

相信人的同時，你千萬不要喪失應有的警惕。你必須在合理的範圍內懷疑每一個人。通常情況來講，人性是利己的，是追求自身利益放到最大的（當然，其中也存在個別例外，但那畢竟是少數。）一旦各方面條件具備，人的利己的一面便會表現得尤為突出，他們會想盡各種辦法來滿足個人的慾望。你所應做到的，就是採取各種措施，防止這種不利的情況發生。這一點的確是對每個領導者的重要考驗。因為事實表明，越是老員工，越是老客戶，管理者們越易喪失應有的警惕，而不去合理地懷疑他們。這種做法往往會導致這樣一種不當的後果：公司遭受的重大災難往往與這些人有密切關係。

應合理懷疑的表現是：對於重要職務的工作應交由兩個或兩個以上的人同時完成，防止一人獨斷或舞弊狀況發生；在公司高階管理人員中不明顯地重用某人，而使他們彼此互相牽制，互相制約；設立覆核或內部監督部門，定期或不定期地監督某些重要部門或人員；重要崗位的輪換制，防止一人專斷和內部小小團體形成；在同一地區，選擇兩到三個分銷商，使彼此競爭，防止單個分銷商的要挾與欺騙顧客行為；不定期抽查與巡視。一定要使你的懷疑保持在合理的範圍內，切不可因此而嚴重損害他人的進取心。

在企業的經營管理過程中，領導者既要分權，又要控制。要做到「有限分權，無限控制。」權力的指派應該像金字塔，只有做到相互牽制，相互支撐，才能達到相互平衡、和諧。

對於一個企業的管理而言，授權是最有效的管理手段之一。將自己所擁有的一部分權力授給下屬去行使，使下屬在一定制約機制下放手動作，不但可以充分提高員工的積極性，加速員工的成長，而且還可以使領導者得以從瑣事中脫身，集中精力於更重要的事務，因此，授權是當代企業主管必須掌握的一門藝術。

之所以說授權是一門藝術，是因為它有很多技巧，掌握好了「度」，權力授予的合適，監控得力，就會取得好的效果，若失去了「度」，授權不合適，監控不得力就會導致惡果。因此，授權必須與監控結合起來使用。

世界上任何的自由都必須和相應的制度綑綁在一起，無序的自由就是一盤散沙，而且這種自由毫無保障，隨時都可能被剝奪。

同樣的道理，對於主管們而言，無論下屬的工作做得多麼出色，無論他們有多少值得完全信任的細節，也不應該完全撒手。

主管在授權的同時必須要有監督，否則就有可能失控。權力失控會導致工作失控，結果失控。

放權是必要的，但是放權不等於棄權，放權的同時必須要建立起配套的監控機制。監控是對主管所授權力的根本保障，是關係到企業興衰存亡的必要措施。在分析一些公司失敗的案例時，我們發現很多公司並非沒有明確而具體的目標，也並非缺乏具有卓越才能的人才，但它們最終卻陷入了失敗的境地。為什麼呢？並非這些企業自己所歸納的原因——市場環境突然變化使得公司的處境十分被動——而是犯了最平凡同時又是最不該犯的錯誤：公司所制定的計劃並沒有得到徹底的執行，而公司的最高層卻認為已經落實了。

當吉姆・基爾特斯加盟吉列公司時，幾位高階經理們說公司已經對那些不必要的產品包裝進行削減了。但實際情況卻是到基爾特斯上任時，吉列的SKU（公司不同類型的產品包裝的行業術語）的數量已高達二萬四千種。大部分的產品包裝甚至從來沒有用於銷售，只是堆在倉庫裡。在一年前公司確實花了數百萬美元聘請專家削減產品包裝，但事實上一種也沒有減少。

造成這種結果的原因正是高階領導者對已經授權的工作不聞不問，更未進行及時地追蹤。領導者的工作不只是制定計劃，還應該對計劃進行追蹤，及時發現問題並在第一時間予以解決。

一家家畜飼料製造廠為公司制定了擴展市場的計劃，他們打算生產一種蛋白質含量更加豐富的飼料，為公司開啟奶牛場的大門——一直以來他們只對飼料進行簡單地加工，這種飼料根本無法滿足奶牛場的要求——他們在飼料中加入適量尿素，尿素可以說明家畜將飼料轉化成蛋白質。但這樣做又有一定的風險，因為黃豆中一種被稱作Urease的酵素會與尿素反應形成氨，而氨又會導致動物腹脹，甚至死亡。為了控制飼料中的Urease含量，飼料必須經過嚴格的烘熱處理，並且化驗室每天都必須對Urease的含量進行檢驗。

經過不斷地除錯和檢驗，飼料中的Urease含量終於符合了安全標準，這家飼料製造廠終於生產出了符合要求的高蛋白質飼料。在廣告和公關等各方面措施的支援下，公司的市場開拓與擴展展開得有聲有色，已與幾家養牛廠建立了較為穩固的供貨關係，另外還有更大的幾家畜牧廠有與之合作的意向。

就在一切進展都十分順利的情況下，不幸的事情卻突然發生了。有一天，化驗室的例行檢驗結果顯示，Urease的含量嚴重超過標準。公司總裁吉姆在第一時間得知了這一消息——他要求化驗室一旦發現Urease含量超過標準必須第一時間知會自己。吉姆果斷地作出指示，在過去四十八小時生產的所有飼料禁止運出公司，以維護公司的信譽和使用者的安全。隨後他馬上展開了調查，最後終於找到了原因，一名新來的維修工人在換裝蒸汽管線的一個零件時關掉了蒸汽機之後又忘了開啟，使得對飼料進行烘熱處理時溫度降低，進而導致Urease含量超過標準。

吉姆全程追蹤並親自處理了這一突發事件，正是由於吉姆的參與，不安全的飼料才沒有被運出工廠，安全隱患才得以在最短的時間內找到並被排除，公司的損失才被控制在最小範圍內，公司的形象才得以保全，公司的開拓市場計劃才能繼續被執行下去。

領導人的及時跟進是相當重要的。在跟進的過程中，不但可以協助和支援下屬順利完成工作，而且還能監督下屬，避免其偏離正確的方向。企業領導者應該對下屬進行追蹤，及時發現問題，及時決策，及時提供支援。當然，領導者尤其是高階領導者都有許多工作要做，一忙起來可能就把對計劃進行追蹤這件事忘到腦後了。所以，為了保證領導者能及時追蹤，應建立一個跟進計劃，以保證工作的順利進行。跟進計劃的內容應內含以下幾項：目標是什麼?什麼人負責這件事?什麼時候、透過什麼方式，使用何種資源完成工作等等。

跟進計劃的內容是固定的，但形式卻可以靈活多變，尤其是高階領導者因為要從整體上把握工作，所以更需採用簡單有效又靈活多變的辦法。

羅蘭・貝格是一家大型顧問公司的創始人和總裁。就像所有的大企業的領導人一樣，羅蘭・貝格每天需要與各方面的人打交道，處理各種各樣的事務，可謂日理萬機。但與大多數高階領導人不同的是，他從不會忘記哪怕一件小事，在一項計劃進行到規定完成的最後期限，有關的負責人總會接到羅蘭・貝格打來的詢問事情進展情況的電話。是羅蘭・貝格記憶力超過常人嗎？非也。他有自己的跟進方法。他每天都接觸大量的各色各樣的人物，處理各種各樣的事物。為避免遺忘本應自己去做的事，他隨身帶了一個小錄音機，每一件需要自己去做的事他都會用錄音機記下來，再由祕書列印後發放給相關人員。他通常每天會發出四十至五十個給不同人的「內部備忘」。這當然是在完成一個領導者的首要任務：指派工作和作出某些決定。但這只有是事情的開始。每一份內部備忘都會被寫上一個時間，到了這個時間祕書就會把這個內部備忘重新放在羅蘭・貝格的桌上。所以，沒有任何一個人能夠僥倖讓他忘記一件他關心過的事情，他總能在合適的時間向負責某項執行工作的人員詢問事情的進展。

信任固然好，監控更重要。及時適度地跟進計劃並非不信任某人的表現，相反這只能表明你重視某件事情，所以適度的跟進並不會損害員工的工作積極性。當然跟進計劃一定要注意兩點：一是及時，只有在第一時間發現阻礙工作進行的障礙，才能儘快排除障礙，確保工作的順利進行；二要注意適度，領導者需要的是跟進計劃，而不是去具體執行計劃，領導者需要做的是鼓勵員工把執行工作落到實處，而不是越權指導，更不是直接插手去落實，否則只會把事情弄得更糟。所以，領導者應掌握跟進的藝術，既保證策略規劃得到不折不扣的執行，又不損傷員工的積極性，只有這樣才能取得好的效果。

應限制權力過重部下的權力

部下權力過重，難免會擁「兵」自重，這無論是對管理者本身還是對整個組織而言，都是一個非常大的隱患。一旦權力過重的部下起了二心，必將帶來嚴重後果。

有一個企業的總經理，對業務部經理的能力很是倚重，不但業務部人員的安排、業務發展等事完全交給他決策，而且有關企業行銷策略的重大問題也基本由經理全權做主。

長此以往，此人擁「兵」自重，後來帶領全部業務人員另創新企業，把原企業的客戶幾乎全部都帶了過去不說，整個行銷模式完全套用原企業的。一個原本穩健的企業一下子成了空架子。這不能不說是那位總經理管人、分權問題上的重大失誤。

這有一個古代的案例。

異姓諸侯王是西漢王朝建立前後分封的非劉姓的諸侯王。殲滅異姓王，是漢高祖為鞏固專制主義中央集權所採取的重大方略。

當時的異姓諸侯王共有七個：即楚王韓信、梁王彭越、淮南王英布、趙王張耳、燕王臧荼（盧綰）、長沙王吳芮和韓王信。

其中除吳芮和韓王信外，其它五人在楚漢戰爭中協助漢王劉邦爭奪封建統治權力都立有汗馬功勞。異姓諸侯王的分封，除了當時實際的政治、軍事需要外，還有著相當深遠的歷史背景。

秦始皇統十六國後，廢除周代以來的分封制，在全國範圍內確立了郡縣制。諸子和功臣只有賜以爵祿，不封授土地。然而，分封制的社會基礎並未因此而消除，割地封侯的思想還相當普遍地存在於人們的記憶中。

秦末農民大起義爆發後，六國貴族的殘餘勢力紛紛乘反秦之機割地稱王。當時，齊國的田儋自立為齊王，魏咎立為魏王，韓廣為燕王，武臣為趙王等等。秦朝滅亡後，反秦武裝中力量最強的項羽，為了鞏固自己的盟主地位，不只有承認了六國貴族並立為王的局面，還自封為西楚霸王，並繼續分封自己的親信為王。

於是，形成了所謂十八路諸侯。

在楚漢戰爭過程中，漢王劉邦為了分化瓦解項羽的勢力，一方面拉攏項羽分封的諸王，如張耳、英布、吳芮、臧荼等；另一方面也不得不滿足其重要將領割地分封的要求，陸續封了一些諸侯王。如漢四年（前二〇三）春，韓信在平定齊地後，請求立為假齊王。

劉邦當時處境狼狽，聽到這一消息十分氣憤，但為了籠絡利用韓信，就聽從張良的意見，索性封他為真齊王。隨後，為了提高兵力圍殲項羽，於同年七月封英布為淮南王；次年十月，又劃睢陽以北至谷城封給彭越。

這些諸侯王因為不是劉姓宗室，故史稱異姓諸侯王。到漢五年五月劉邦稱帝時，這些異姓諸侯王大抵占據了戰國時期東方六國的大部分疆網域。

西漢初年，由於社會經濟凋敝，封建統治秩序尚待重建，漢高祖不得不暫時維持現狀。但是，對異姓王勢力的膨脹也保持著高度的警惕。如垓下之戰結束、項羽敗死後，劉邦立即奪韓信的兵權，同時將他由齊王徙為楚王，都下邳。漢高帝五年（前二〇二）七月，張耳病死。

不久，燕王臧荼謀反，劉邦親自領兵討平。剩下的五人中，楚王韓信、梁王彭越、淮南王英布對西漢王朝的建立立有汗馬功勞，且手握重兵，成為漢高祖的心腹之患。

於是，劉邦在呂后的協助下，採取強硬的對策，一一翦除了異姓王的勢力，甚至不惜採用肉體消滅的殘酷手段。

漢高帝六年（前二〇一），劉邦以韓王信壯武，封國北近鞏、洛，南迫宛、葉，東有淮陽，皆天下勁兵處。於是，另以太原為韓國，徙信以王之，為防備匈奴的侵擾，原都晉陽，後徙治馬邑。這年秋天，匈奴冒頓單于率大軍包圍馬邑，韓王信多次派使者去匈奴求和。

漢高祖懷疑韓王信有二心，賜書責備。韓王信心中恐慌，就索性投降匈奴，並與匈奴約共攻漢。次年，劉邦親自領兵征討，韓王信逃入匈奴，後來與匈奴聯兵侵擾邊郡，被漢軍殺死。

楚王韓信剛到封國時，巡行縣邑，經常陳兵出入，於是被告發謀反。漢高祖採用陳平的計策，藉口巡遊雲夢，會諸侯於陳，乘機逮捕韓信，帶至洛陽，貶為淮陰侯。劉邦仍不時與他討論用兵之道。漢高帝十一年，陳豨謀反後，韓信與陳暗通聲氣；並於次年乘高祖率軍平叛之機，圖謀詐詔赦諸官徒奴，襲擊呂后和太子，結果為人告發。呂后在蕭何的策劃下，將韓信騙至長樂宮鐘室處死，夷三族。漢高祖聽說這消息，且喜且哀之。

陳稀謀反，漢高帝親自率兵平叛。他向梁王彭越征兵。彭稱病，不願前往，從而引起劉邦的不滿。後梁太仆告發彭與其將扈輒謀反，遂逮捕彭越，廢處蜀地。途中彭越遇見呂后，向呂后哭訴，自言無罪，請求改徙昌邑。

呂后假意許諾，將彭越帶到洛陽，對漢高祖說：「彭越壯士也，今徙之蜀，此自遺患，不如遂誅之。」

於是指使彭越的舍人出面告發彭越謀反，由廷尉審理後夷越宗族。又命人將彭越屍體剁成肉醬，遍賜諸侯，於是更引起了其它異姓王的恐慌。

淮南王英布本來是項羽的部下，與劉邦並無淵源。他見韓信被誅，心中本已不安，收到彭越的「肉醢」後，更是驚恐萬狀，立即私下集合部隊，加強警戒。結果被人告發謀反。漢高帝十一年七月，英布起兵謀反。劉邦發兵征討，並於次年十月平定淮南。

取代臧荼立為燕王的盧綰，與劉邦的關係最為親密。因為陳稀謀反的事受到懷疑，劉邦派使者召綰。盧綰稱病不行。他對幸臣說的一番話倒很能說明問題：「非劉氏而王者，獨我與長沙耳。往年漢滅淮陰，誅彭越，皆呂后計，今上病，屬任呂后。呂后婦人，專欲以事誅異姓王者及大功臣。」漢高祖得知報告，非常憤怒，認定盧綰謀反。

高祖死後，盧綰遂將其眾亡入匈奴。其實，盧綰的話並不全面，誅滅異姓出自劉邦的本意，只是呂后更心狠手辣而已。

對有大功的下屬更要適當分權

有大功者一般創業元老居多，這樣的人常有不少人支援，權力大、威望高，很容易居功自傲，從而給管理帶來不少麻煩。因此，對有大功者進行分權，將他固有的權力分割成幾部分，由一個人行使變為幾個人行使，對組織的穩定和管理的成效就顯得非常必要了。

對於有大功者的分權甚至廢權，在中國歷史上做得最徹底的是明代開國皇帝明太祖朱元璋。

李善長是朱元璋開國元勛之一，學問淵博，富有智謀，明太祖攻克滁州後，李善長就一直在明太祖身邊擔任軍師。明太祖登基以後，李善長被封為左丞相，因為右丞相徐達常年征戰在外，朝廷政務事無巨細全由李善長處理。李善長歷史知識豐富，處事幹練，裁決如流，又善於文辭，明初許多重要條令均出自他手。所以，洪武三年大封功臣時，明太祖對大臣們說：「李善長雖無汗馬功勞，然而跟隨我這麼久，出了不少好主意，這個功勞不是一般軍功可以相比的。」於是便授李善長為「開國輔運推誠守正文臣，特進光祿大夫、左柱國、太師、中書左丞相，封韓國公，歲祿四千石，子孫世襲。」

李善長外表寬和，但處理朝政極為頂真。有一次，參議李飲冰、楊希聖稍有點越權辦事，侵犯了丞相的權限，李善長認為這是絕對不容許的事，便向明太祖奏報，要貶黜李飲冰、楊希聖。御史中丞劉基為此與他爭論法律問題，他爭辯不過，竟出口大罵劉基。劉基見李善長擺出丞相的架子，惹不起他，便向明太祖辭職。明太祖雖然沒有因這件事怪罪李善長，但對李善長如此看重丞相的權限而且有點驕傲的態度，心裡頗有點厭惡。李善長是個聰明人，覺察到明太祖對自己的態度已發生微妙變化，便急流勇退，於洪武四年正月以生病為由，向明太祖辭去左丞相的職務，明太祖亦順水推舟，未加挽留，同意李善長辭職，還賜了臨濠地方若干頃土地給他。

明太祖開始對李善長不信任時，曾打算提拔楊憲為丞相，便向御史中丞劉基徵求意見。劉基雖與楊憲私人關係很好，卻認為不可。明太祖感到很奇怪，劉基解釋道：「楊憲有當丞相的才能，但沒有當丞相的器量。當丞相，須持心如水，以義理為權衡，個人利益應置之度外才行。楊憲是做不到這一條的。」

明太祖又問道：「你看汪廣洋這個人怎麼樣？」劉基答道：「汪廣洋人品和器量都是好的，就是才能上差了一些。」

明太祖再問：「那麼，胡惟庸這個人你以為如何？」劉基笑了笑道：「他永遠不過是個牛犢，要拉丞相這副犁恐怕是吃不消的！」

於是明太祖道：「我看丞相這副擔子還是由先生來挑吧！」劉基忙推辭道：「不可，不可！臣自己知道，我這個人容易得罪人，且身體也不好，丞相這樣的職任是擔當不起的。其實天下何患無才，願陛下悉心求之。目前諸人，在臣看來都不大合適。」

明太祖權衡再三，結果挑了才能不強的汪廣洋擔任右丞相。汪廣洋當了兩年丞相，既沒有出過什麼差錯，也沒有什麼政績，更沒有向明太祖提供過什麼新的建議。明太祖覺得汪廣洋當丞相沒有建樹，便調任汪廣洋為廣東參政。後來，明太祖總覺得汪廣洋是個忠厚人，四年後又恢復汪廣洋當右丞相。直到洪武十二年貶謫廣南，汪廣洋又當了兩年右丞相。

洪武六年七月，明太祖起用胡惟庸為右丞相。劉基嘆道：「假使我的話不驗，這是百姓的福；若是應驗的話，百姓可要遭殃了。」劉基為此病情更加重了。胡惟庸早就嫉恨劉基，見劉基病重，佯裝關心，親自帶了醫師來為劉基診治，結果，劉基吃了藥，病情迅速惡化，送回原籍不久，劉基便死了。

胡惟庸是個很會用權的丞相，自從總理中書省後，內外諸司有什麼奏章，必須先經他審看，若有牽涉到自己的奏章，他就藏匿起來不報告給明太祖。於是，文武大臣有失職的人，都先到胡惟庸那裡送禮，這樣就可以得到開脫，胡惟庸身邊迅速集聚起一股勢力，胡惟庸當初被召為太常卿是因為李善長的推薦，所以他與李善長關係密切，而且還與李善長的弟弟太仆寺丞李存義結為親家。所以胡惟庸生殺黜陟，朝廷中無人敢言。

有一次，胡惟庸的家人仗勢欺人，竟然毆打了地方上的小官吏。事情告到明太祖那裡，明太祖大怒，將胡惟庸的家人殺了，還把胡惟庸找來責問。胡惟庸推脫自己並不知道家人毆打地方官的事。明太祖還追問劉基病重後的一些情況，胡惟庸搪塞過去之後，心裡不無擔心：「皇上是不信任自己了，皇上連勛臣都會殺，說不定哪天也會找個由頭殺了自己。與其等死，不如先作準備，不能束手待斃。」

洪武十三年正月初五，胡惟庸向明太祖報告說，家中宅院裡有口井湧出竹筍，奇異非常，邀明太祖前去觀看。明太祖很有興趣地答應了，乘車出西華門奔胡惟庸府第。正在此時，內使雲奇擋道勒馬，因為氣急，一時說不清什麼，明太祖見有人擋道，大怒，令左右捶打。雲奇右臂被打斷，仍指著胡惟庸府的方向不肯縮回。明太祖覺得奇怪，便下車登城觀看，才看到胡惟庸府第有不少兵甲，於是趕緊派侍衛軍前去掠捕。胡惟庸遂以謀反罪名被殺，僚屬羽黨被殺的達一萬五千人。

再說，中丞涂節揭發右丞相汪廣洋，說劉基當年被胡惟庸毒死的事，汪廣洋是知道的。明太祖將汪廣洋召來當面責問。汪廣洋一口否認知道這事。明太祖大怒，將汪廣洋貶謫到廣南。汪廣洋到了太平府後，明太祖又以汪廣洋當年在中書省時不揭發楊憲的罪行為名，乾脆下了道賜死令：要汪廣洋自殺。

不久，又有人揭發說，胡惟庸謀反之事，曾經徵得李善長的同意。明太祖更是找到了藉口，下令將李善長並其妻女弟侄家人七十餘人全都斬首。李善長死後第二年，有人上書為李善長辯白，明太祖未加理會。

自殺了胡惟庸、汪廣洋、李善長三個丞相後，明太祖認為丞相權力太大，乾脆將中書省這級權力機構撤消，從此不再設定丞相，自己大權獨攬，直接主管吏部、兵部、戶部、刑部、禮部、工部等六個部門。雖然仿傚宋代官制設了殿閣大學士，但大學士沒有具體實權，只是一些顧問而已。

當然，封建時代帝王的分權、廢權是為了保證一家一姓的百年帝業，完全是為了一己之私，而且手握毫無節制的生殺大權，做起事來未免過於血腥。對於當今社會的企業管理來說，這種霸道、隨意的行徑當然是不可取的。但是在管人方面，在對於大功者權力指派的思考上，對我們還是有一定啟示意義的，那就是：不能讓這些大功者的個人威權凌駕於團隊的正常管理秩序之上。

謹防「反授權」

管理者在授權過程中和在授權以後，要注意防止「反授權」。所謂反授權，是指下級把自己所擁有的責權反授給上級，即把自己職權範圍內的工作和問題推給上級，矛盾上交，「授權」上級為自己工作。

這樣，使理應授權的上級主管反被下級牽著鼻子走，處理一些本應由下級處理的問題，使上級主管在某些方面和某種程度上降為下級的下級。對此，如不警惕，不只有使上級管理工作被動，忙於應付下級請示、彙報，而且還會養成下級的依賴心理，從而使上下級都失職。

作為管理者，要從根本上防止反授權，必須從自身做起，徹底根除造成反授權的種種原因。如果是由於自己過於攬權或對下級工作不放心而造成的反授權，作為管理者應該自覺放權，放手讓下級展開工作。如果反授權是由於下級水準不高，缺乏獨立決策能力造成的，作為管理者應從提高下級主管能力入手，為下級指出解決問題的途徑和辦法，但不能包辦代替。

如果反授權是下級出於討好上級的目的，作為上級應保持冷靜的頭腦，切不要為下級的一味「請示」、「彙報」所迷惑。同時，對下級的各種反授權行為給以中肯的批評，使之認識自己的問題，明確自己的職責，立足以能力和政績贏得上級的信任和器重，而不能把心思和精力用偏了。如果是下級怕負責任，遇到棘手的矛盾就往上交，遇到能討好別人、撈名撈利的事就往上鑽，就應嚴肅批評，必要時收回權力。領導者如果以這種態度對待反授權，反授權現象就難存在了。

管理者授出責權後，必須保留自己必要的權力和責任，防止放棄職權。總體而言，管理者要握有指導權、檢查權、監督權和修改權。這幾方面的權力是從廣義上來說，是廣泛適用的。但具體而言，對於不同性質的工作，不同形勢環境和不同的授權對象，管理者應保留的權力內容不盡相同。但一般而言，管理者應該保留對該系統工作前途或該項工作任務結局的最後決策權。即當該系統工作或該項工作的最後目標達成發生意見分歧、莫衷一是的時候，管理者要能夠正確綜合全局，權衡利弊，當機立斷，作最後決策。對直接下屬和關鍵部門的人事任免權，即組織人事權也要保留。有了這一點，就能保證主管機構的正常運轉和高效率。另外，還要保留對直接下屬之間相互關係的協調權。協調下屬之間關係是非常重要的，也是其它下屬所不能替代的。

給自己保留一定權力，為的是防止授權失控。所謂失控有兩層含義：一是權力授出後，管理者對下級沒有約束力、修正權了；二是下級逐漸「翅膀硬了」，不聽命於上級，甚至出現了侵犯上級職權——即「越權」現象。

如何防止授權失控呢？

第一，**管理者對下屬的權力要做到能放能收**。這是防止授權失控的有效措施之一。

第二，**管理者要緊緊把握監督環節**。防止權力失控的關鍵在於監督。監督可防止「鑽漏洞」，被下屬牽著鼻子走。

第三，**管理者授權不能失衡**。就是說，在自己管理的組織系統內，對多個下屬授權，權力分布要合理，不能畸輕畸重（管理者主要助手除外）。無根據的偏重授權，以個人感情決定親疏性授權，是萬萬不可取的。

「細節決定成敗」如今已成為許多管理者的口頭禪，但要真正把對細節的重視貫穿於管理工作的每一個環節並不是一件容易做到的事。比如，有時你的指令下達了，任務安排了，並已給予下屬充分的權力，但這並不意味著你就可以高枕無憂，接下來的「檢視工作」這一環節是決不能省掉的。

為此，管理者必須做好以下幾個方面的工作：

1、讓員工知道如何報告工作

向指派工作的主管報告完成工作的結果，稱為報告工作。為什麼要讓員工養成報告工作的習慣呢？

首先，接受了指示，並且執行了，只有做到這一步，並不意味著工作就算完成了。不管什麼工作，都要向下達指示的人報告執行結果，等聽到「很好」、「知道了」時，這件工作才算告一段落。無論什麼原因，工作之後不報告，就是犯了「有始無終」的錯誤。

其次，報告工作應趕在催促之前。否則下達指令的人會因此而分心，影響工作的安排，不利工作的全面展開。作為一個稱職的工作人員，及時報告工作是一項基本的工夫，必須認真落實。

再次，下達指令的人，常常要根據執行者的報告舉一反三考慮下一步應該做的工作。若沒有諸如此類的報告，缺乏必要的訊息回饋，就會導致不該出現的失誤。在通常情況下，凡是需要主管不時催問處理結果的部門，錯誤出現的可能性大；反之，能爭先提出工作報告的部門，工作則進行得比較順利，人際關係也比較融洽。

鑑於報告工作的重要性，領導者應當事先向新進人員認真講清楚。作為組織成員的基本行為規範，就是趕在催問之前先做好工作報告。

2、直接詢問員工的工作情況和狀態

任何一個人都會有情緒低潮、提不起勁、無法完成領導者交待的工作的時候。而且，同樣完成一件工作，有時候也會因時機、個人的不同而不同。

某主管在激勵員工時總是這麼說：「現在，正是我們公司面臨生死存亡的關鍵時刻。各位能不能瞭解我們目前的困難？大家要加油啊！」

剛開始的時候，他這番話的確發揮了不小的作用，大家都非常努力，但兩年下來，就沒有人再願意拼命了。因為大家早就聽膩了他那套老掉牙的說法了。那麼，到底該怎麼做才好？直接去問員工——這就是要訣。

「你怎麼會做這種事？到底是怎麼回事？」

很多時候你可以在員工的回答中找到問題的答案和解決之道。

如果員工陳述了事情的經過、認識到自己的錯誤，而且很誠懇地道歉，你就應該一笑了之，不需要再責備他了。

然而員工不一定都會對你袒露實情。因此，你也不能單聽他一面之詞就馬上全面相信，應該把他說的話當作參考。仔細地觀察他在回答時的反應，內含沉默、嘆息、神色等，然後在你繼續問他的時候，可以再加上一句「事情真的是你說的這樣子嗎？」如果能確實掌握住問題的重點，事情就會出乎意料地簡單，他會把所有的事情都說出來：「事實上是這個樣子的……」既然瞭解了問題出在哪裡，就可以相互討論解決的對策。如果能輔導他自主地去解決問題的話，問題自然會迎刃而解。

3、不妨常到現場走走

經常到現場走走，和員工打打招呼，是接近員工的好方法。

為了提高大多數員工的積極性，需要把他們工作中的內在價值挖掘出來，使他們體會到自己的意義。

為此，管理人員應當在現場到處轉轉，與員工打招呼，要他們好好做，給他們鼓舞。並且，從中發現許多不為注意的小的成功，給以表揚，這是非常重要的。

比如說你一週去一次，用煥然一新的眼光仔細打量你週圍的一切。這樣你還可以發現一些細小的改進之處，而這種改進對你鼓舞士氣、提高員工積極性是有好處的。

這種姿態，是從管理尊重人的價值觀念中產生的。這種價值觀念，就是要尊重人，不管什麼樣的人都要發現他的長處，都要親近他。員工只要認識到自己努力就會受到上司和同事的讚揚，這樣積極性就高漲，就會勇敢地向下一個問題挑戰，並在挑戰中成長。

4、隨時檢查組織的執行狀況

每個員工對一個主管負責。在每個員工上面監督的人愈多，幹勁愈小，分層負責的祕訣是要每個部下只對一個主管負責。習慣了遇事到處報批蓋章的人是否對這樣一個規定感覺有點陌生呢？你也許會想這樣會不會降低工作品質的保障係數呢？這個問題大可不必擔心，對於一個素質較好的員工來說，需要應付的主管越少，越有創造力和工作興趣，同時可以大幅度地提高工作效率。另外直接管理員工的領導者也要對他的上級負責，也就是說他們也在受到監督，或者，你也可採取辦法避免這種現象發生。如不定期對同級領導者調換——當你認為有十分必要的話。

一切工作就緒，畫出一張完善的組織表，這是一張讓你自己一目了然的圖表，務必要使上下級的關係十分明確，使其能顯示出每個人工作的職能。同時憑著這張縱觀全局的圖表，檢查一下工作有何得失。

不要認為現在就大功告成了，真正的組織工作應該是在日常。所以領導者最好「警惕」組織的執行情況，及時對不恰當的地方和意外的變化作出必要的改動。

檢視工作這一環節有時候讓人感覺瑣碎而麻煩，需要以十足的耐心和細心去做。把住了這一關，管理者所安排的工作就能落實到位，並盡可能地減少錯誤和漏洞。

part 5

溝通的順暢 可以避免管理的滯礙

一提到溝通，有的管理者便大搖其頭：
我下達指令到下面去執行就行了，溝通不溝通並不重要；
再說，我每天需要處理的事情千頭萬緒，哪裡有時間去溝通呢？
其實，管理者的這一普遍想法是造成管理
過程中產生諸多滯礙的原因之一。
沒有溝通，就無法瞭解下屬的真實想法和企業執行的真實狀況，
並且無形中拉大了與員工之間的距離，
這實在是高明的管理者所不可取的一種做法。

保證有效溝通，做到資訊共享

人們需要資訊來做出正確的決策和完成工作。要在公司政策中明示出：要盡一切努力為部屬提供所需的資訊。

除非你主動引導並主動交流資訊，一般人們通常不願意把所知道的事情告訴別人。為了使資訊共享，要建立交流資訊的有效方式。利用報告、活動總結、佈告欄等知會、全體會議及團隊工作等都有助於資訊交流。透過個人電腦在內部網路內獲得資訊的方式已經為許多公司提供了幫助。有時候，由於人們不清楚問什麼問題才能獲得所需資訊，所以資訊不能得到及時交流。透過使每個人都瞭解整體情況的方式，這個障礙可以在一定程度上得以克服。

缺乏溝通是目前組織面臨的最大問題之一。解決這一問題的最佳方式就是安排關鍵的相關人員參加會議，彼此向對方解釋正在忙什麼。經過問答過程，相互間才能達到有效的真正理解。要向每個部屬強調投入一定的時間和精力，以保證知道彼此在做什麼的重要性。

1、達到資訊真實和暢通的主要障礙

人們總是要透過一定的管道和方式來交流資訊、溝通思想、協調行動。如果溝通管道堵塞，互不相通，就會造成片面性的瞭解，「聽風就是雨」，引起認識上的偏見和感情上的隔閡。有時，資訊傳遞失真，也會產生誤解和歧視，引起衝突。例如，在一個企業，往往由於資訊管道的不順暢，設計、供應、生產、銷售幾個部門就常常在工作上發生衝突。在工作的完成過程中，如果遇到與他人交流上的困難，工作的完成就會受到更多的困難。如果電話系統、對講機設備、或者其它交流系統經常給部屬帶來麻煩，這種情況就會從多方面降低工作效率。

部屬們知道自己是多麼需要交流。要給他們機會提供系統設計的意見。當今的科技使交流系統能力的擴展成為可能，使得能夠設計並獲得對部屬發揮積極作用的交流系統。企業內部交流的障礙及其消除往往受到多種因素的影響，主要表現在文化、組織結構和心理方面。

第一，專業知識方面的交流障礙及其消除

一個組織內各部屬之間平均水準比較接近，資訊溝通就容易進行。相反，部屬的水準相差比較大，資訊溝通就相對困難。組織是靠資訊溝通、協調和組織全體成員的力量來達成組織的目標。如果部屬水準低，則主管將難以與他們進行有效的資訊溝通，步調就難以保持一致，妨礙組織工作效率的提高。

例如，組織目標的宣傳，工作的指派、工作措施的落實、技術改造等，都需要與部屬進行溝通。但如果部屬水準較低，上述這些工作就不易得到部屬的瞭解、贊同和支援，由此造成組織內資訊溝通出現障礙。為瞭解決或避免水準的差異所造成的資訊溝通障礙。在選拔部屬時對專業知識的水準應該有一定的要求，對在職部屬進行多樣形式的培訓，或鼓勵他們自學專業知識等等來提高其水準。儘量使交流的內容適合對方的思想水準和水準，使之充分瞭解交流的內容。

第二，組織結構方面的交流障礙及其消除

組織結構方面的障礙內含角色地位障礙，空間距離障礙，交流網路障礙。

◎地位障礙。組織是一個多層次的結構，因此，企業中一個普通部屬可能常與同事、主管進行交流，但不一定是地位原因，因不能經常接觸也可能造成交流障礙。一般而言，組織規模越大，成員越多，處於中階地位的人員相互交流次數增加，而上下層地位的人員相互交流次數相應減少。尤其是有些部門主管，常常因為自恃高明，目中無人，聽不得不同意見，獨斷專行，瞎指揮容易阻塞上下資訊的交流管道。從部屬來說，他們怕得罪主管和主管之間有問題往往不反映，或報喜不報憂，造成資訊虛假，影響企業的永續發展。

◎是空間障礙。空間距離對資訊交流及其效果有很大影響。一般而言，雙方面對面的進行交流，有利於把複雜問題釐清楚，提高交流效果。如果交流雙方距離太遠，接觸機會少，只能進行間接交流，那就很難把問題釐清楚，使雙方都明白，在組織中，主管與第一線工作的部屬之間，部屬與部屬之間存在著空間距離的遠近，空間距離造成了資訊交流的障礙，使他們接觸和交流的機會減少，即使有機會接觸和交流，時間也十分短暫，不足以進行有效交流。

為解決由空間距離較遠而產生的交流障礙問題，主管應鼓勵成立和發展各項社團，透過各種有益活動，縮短成員之間的空間距離，增加接觸和交往機會，促進部屬之間的資訊交流。

◎交流網路障礙。在組織中，合理的組織機構、交流網路有利於資訊交流。如果組織機構不合理，層次太多，交流網路不完善，資訊從高階傳遞到基層既容易產生資訊走樣，又會使資訊失去時效。因此，組織要精簡機構，減少交流層次，建立健全交流網路，主管要盡可能的與下級和基層員工進行直接交流，使資訊傳遞管道暢通無阻。

第三，心理方面的障礙及其消除

◎認知障礙。資訊交流中的自我認知障礙主要表現在過高地評價自己或過低地評價自己上。在組織中，部屬對自己評價過高，就會表現一種優越感，喜歡自吹自擂，對其它部屬不尊重，這樣就容易堵塞交流管道。而對自己評價過低的部屬，就容易產生自卑感，看不到自己的價值，在與其它成員，特別是和主管交流時，就顯得畏首畏尾，想與別的成員交流，又怕被人嫌棄、拒絕，想得到其它成員的關心和體貼，又害羞而不敢接近。對有自卑感較強的部屬，主管應主動與其進行交流，引導其在交流過程中逐漸克服自卑感，使公司上下之間，成員之間能很好的交流。

◎情感障礙。組織中資訊交流的情感障礙主要表現為情感反應過於強烈和過於冷漠。情感反應過於強烈指在交流時不分場合和對象，不顧輕重恣意縱情的現象。交流時如果不分場合、對象，表現得過分熱情，會使對方產生「動機不純」、「心術不正」的聯想。與情感反應過於強烈相反的情感反應是過於冷漠，對一切都無動於衷，麻木不仁。為了克服這種交流障礙，要學會情感的自然調節，把握情感的尺寸，既不能過分熱情，也不能過於冷漠。

◎信任障礙。在組織資訊交流過程中，人與人之間，尤其是主管與部屬之間關係融洽，相互信任，雙方就容易交流。如果相互關係緊張，甚至傷害對方的自尊心等，就會導致主管與部屬間的情感疏遠，出現相互不信任的現象，不利於公司的發展。為了克服這種交流障礙，以改善和提高交流效果，交流雙方要做到相互尊重、相互信任。

◎態度障礙。在組織交流中雙方態度各不相同，會造成交流的障礙。例如，部屬向主管反映情況往往是報喜不報憂，誇大成績，縮小缺點等，使主管得不到真實情況。主管向部屬傳達指示，部屬往往不是如實地理解這些指示，而是猜測這種指示的「言外之意」、「絃外之音」，符合自己心願的就積極進行傳達，貫徹執行，不符合自己心願的就扣壓，封鎖，或者採取陽奉陰違的態度，使廣大成員得不到正確的資訊。這些都能說明人們在傳遞和接受資訊時，往往會把自己的主觀態度摻雜進去。

◎性格障礙。資訊交流在很大程度上也受性格特徵的制約。一個高尚、熱情、誠實、正直、友好、能討人喜歡的人，發出的資訊就能為人所理解和接受。相反，一個冷酷、自私、奸詐、卑劣的人，為他人所厭惡，那麼他所傳播的資訊是不能被人輕易相信的。所以，一個主管要有高尚的性格品質才能取得組織成員的信任，才不致於造成交流上的障礙。

2、營造自由交流資訊的氣氛

在優良的公司裡，資訊就像是一隻自由的鳥，可以毫無障礙的飛來飛去。現代社會的管理者應能瞭解工作與資訊的關係，以便在公司裡能夠培養一種學習和成長的氣氛，促進公司的發展能力。

好的公司會利用科技這一在未來職場的最大資源，善用獨一無二的溝通和學習方式，激發新員工發揮最大的價值。並從中選擇吸收大量資訊。由於現代職員習慣於接觸以各種形式呈現，以及提供各種不同觀點的科技資訊，他們在反映出這種經驗的資訊環境中最能得心應手，因為資訊就是他們成長的營養。

由於具有資訊最佳接觸管道及公開溝通的環境，員工在工作中便會覺得有保障、能夠勝任、有力量，而且有創造力。使員工更有效率、更有生產力，更樂於為管理者效力，做出最好的成績。事實證明，管理者若能提供充分的資訊來源，他們將會是非常有效率的資訊消費者。因而能有效率地提供資訊，制定明確的目標，並保持溝通管道的暢通。

公佈新的資訊，可使員工能夠訂出每周目標及業績，以隨時改善計劃，回答並解決問題。透過這些途徑，有效率的管理者用簡單的方式讓員工固定接收資訊，就使得員工有自信、有效率、有生產力及創造力。

一些優秀公司具體表現在：

◎公司的人事部門很出色，他們會逐一討論所有計劃，並留下許多時間來討論問題，讓員工有時間跟上進度。這表示我們知道所有的進度，以盡力達成主管的期望。

◎下屬可以隨時走進公司的辦公室和管理者談事情。即使對管理者而言未必是最重要的事，管理者也願意花時間交談。在簡短的會談中，人們得以解決他們的問題。你知道他是上司，但你更清楚他和你是站在同一陣線的。

◎一個好的管理者，會告訴下屬為什麼他要做這些事。下屬目前正在做的專案，管理者需有耐性的告知整體未來的藍圖，讓下屬清楚知道自己目前所執行的這部份專案，對未來整體的重要性為何。

◎管理者行事風格讓下屬有可能問問題，並且獲得必要的資訊。他讓下屬知道自己在做什麼，如果需要指導，他也會盡力協助下屬。下屬可以感覺到學到更多東西，分析能力更強，也比以前更有生產力，並且沒有浪費時間。

3、面對面交流協調內部意見

對一個管理者來說，要做到快速有效的溝通就必須親身參與。管理者需要親自以簡單明瞭的言辭，說明企業的獨創之處，整個企業日後何去何從，以及大家要如何通力合作。這種溝通是企業獲得長遠成功的關鍵之一。比如，弗尼在重整溫切爾公司時就採用了這種面對面的溝通方式並取得了成功。

首先，當弗尼認識到要擺脫困境就必須一步一步地把市場奪回來時，他的原則就是以一己之力，去贏得員工對管理階層的信賴。他總是不厭其煩、一遍又一遍地告訴員工，管理階層一定會嚴格對品質的要求，藉此建立員工的信心。

弗尼主動去與每一位員工進行面對面的交談，向他們說明自己的理想、角色以及未來公司的發展前景，然後他要求每個人都說出公司目前的優缺點，以及如何才能做得更好。同時，他還常常去店裡幫忙，有時候，他在去找員工交談時正好是客人最多的時候，他就馬上到廚房幫忙加餡料，或是去收銀台幫忙結帳。

他解釋說：「公司領導者和餐廳員工的差別只是責任不同而已……我們跟他們一樣都是人，一樣會哭，會笑，有喜怒哀樂種種情緒。當他們看到我捲起袖子和他們一起工作時，才會真心地向我看齊，並能縮小彼此間的距離。」

弗尼把這種原則真正地貫徹了下去。比方說，他為了要嘉獎員工的表現，舉辦了一個特別的活動，叫「精神日」。在這天，弗尼和一些高階主管親自下廚為員工煮一頓好菜。在用餐的時候，員工當然又要聽聽弗尼閒談公司的新希望。他在與員工接觸時，都是以個人的身份和員工做一對一的交談。這樣員工才會記得他，才會和其它夥伴與顧客做同樣的交流。總之，他的方式從來不是一種控制，而是設法謀求員工的支援，並願意通力合作以完成工作。

正是透過這種與員工面對面的溝通，協調了內部的意願，從而使得所有的員工協調一致地為了企業的共同目標而努力工作。這就是弗尼獲取成功的關鍵。

在溝通中聽比說更重要

管理者在與員工溝通時，不能只說不聽，這種單向式的溝通效果是非常差的，你必須張大耳朵去傾聽員工說什麼，他們要什麼。

傾聽之所以備受重視，不只有是因為其有助於對事物的瞭解以及對說話內容的掌握，更因為聽話是與他人個性契合、心靈溝通的根源。現代社會觀念，已認識到說話的方法、交談的技巧、相互的瞭解等對於和諧的人際關係的重要性。但是，大多數人仍偏重於說話的技巧和表達能力，致力於這方面的學習與訓練，而忽略了聽話要瞭解話中含義的重要性。傾聽別人說話表示敞開自己的心扉，坦誠地接受對方，寬容對方，體貼對方，因而導致彼此心靈融通，是現代社會取得良好人際關係的又一個重要方面。

有些人是「大嘴巴，小耳朵」，只准自己享受說話的樂趣，而不把他人放在眼裡。別人如果忽略了他的話便憤怒不已，面露不悅，若迎合奉承便沾沾自喜。若有人提出不同意見便立即反駁並給予惡劣的斷語，自認為自己是正義的化身。而類似這種人即使長於說話技巧，也只能運用小聰明偶爾博人一笑，在人生交際場上暫獲一時的成功，但人們與之久處以後，便會瞭解底細，他也終究是要跌下來的。

第一、全神貫注地聽別人講話，眼睛注視著說話的人，腦子裡要設法撇開其它的事情，將注意力永遠集中在別人談話的內容上。

第二、耐心地傾聽，不要輕易地打斷別人的話，不要因對方的敘述平淡而漫不經心，也不要在別人結結巴巴講不清時，流露煩躁和責怪的神情，更不應在別人講不同意見時，聽不下去，而反駁或爭吵。

第三、有響應地聽，透過點頭、微笑、手勢、體態、語言等作出積極的反應；鼓勵對方完整地說出他的意思。

善於傾聽下屬說話的管理者，會讓下屬感到他是值得交往的朋友，並願意與之相處，他與眾人的關係也將日益密切起來。所以請專注凝神地傾聽別人說話，它將使你獲得成功與友情。

員工不只是希望主管對個人生活表示關心，還希望主管能廣開言路，傾聽和接納自己的意見與建議。

如果一個部門員工反映，「主管從不讓我們講話」，「我們只有工作的義務，沒有說話的權利」，那麼這個管理者就太失敗了。所以應當注意，在制定計劃、指派工作時，不要只是主管單方面發號施令，而應當讓大家充分討論，發表意見。在平時，要創造一些條件，開闢一些管道，讓大家把要說的話說出來。如果不給員工發表意見的機會，久而久之，他們就會感到不被重視，抑鬱寡歡，工作也感到索然無味，喪失主觀能動性。

有些人把「人和」定義為沒有反對意見，開會一致透過等表面現象。他們一般不願看到下屬之間發生任何爭端，同樣這種主管也不喜歡下屬反對他的意見。如果有四、五種意見提出來的話，他們便感到不知所措。最鎮靜的辦法也不過是說：「今天有很多很好的意見被提出來了，因為時間關係，會議暫時到此結束，以後有機會再慢慢討論。」想盡辦法去追求「人和」，這裡的主管恰恰忘了很重要的一件事：一致透過的意見不見得是最好的。

下屬對方案沒有異議，並不代表此項方案就是完美無缺的，很有可能是下屬礙於情面，礙於主管的權威，不好當面指出。因此，這時領導者切勿沾沾自喜，應該儘量鼓勵下屬發表不同的意見。鼓勵的方法主要有兩種：

首先你必須放棄自信的語氣和神態，多用疑問句，少用肯定句。不要讓下屬覺得你已有了決定，說出來只不過是形式而已，真主意其實早就定了。

其次是挑選一些薄弱環節暴露給下屬看，把自己設想過程中所遇到的難點告訴下屬，引導別人提出不同意見。只有集合多方面的意見，不斷改進自己，才能更上一層樓。良好的相處往往不是相互忍耐而得到的，有很多時候，反倒是爭吵的結果，俗話講「不打不相識」，其實就是這個道理。

當然，當你決定選擇下屬提出的意見中的某一種時，必須注意千萬不要傷害其它意見提出者的自尊心。首先，必須肯定他們的意見是有價值的；其次，用最委婉的方式說明公司不採納該意見的原因。不要讓持不同意見的下屬有勝利者與失敗者的感覺，不要讓他們之間產生隔閡和敵意。若能妥善處理好這些問題，反對之聲不只有不是領導者的禍水，或許還是領導者的福音。

任何一個企業，下屬總是不可避免地存在牢騷、抱怨。員工們的抱怨對領導者來說可能是小事一樁，但對員工們自身來說卻非常重要，主管不應該把員工們的抱怨看成是幼稚、愚蠢的而予以忽視。員工雖然不會在心存抱怨的情況下辭職，但他們會在抱怨無人聽取又無人考慮的情況下提出辭職。如果事情弄到這一步就難以收拾了，因為他們會感到一種對他們人格的不尊重，令他們無法忍受。

不滿並不意味著不忠。一般認為，對某一事情不滿的人一定對公司或管理部門充滿怨恨，這是極為荒謬的。

身為領導者，撫慰、禮遇下屬就必須耐心聽一聽他們的怨聲。下屬忍氣吞聲，表面上一團和氣，但卻會嚴重影響工作的效率，進而會危及到企業的生存和發展。如果你能隨時處理抱怨者的不滿，解決他們的問題，他們就會對你心存感激，因為他們會真切地感到主管對他是重視的。因而在以後的工作中會更努力，依你的計劃辦事。

對於抱怨，傾聽是首要的，也是必不可少的，但真正要解決問題，消除抱怨，還必須採取實際行動。這裡詳細介紹一下處理抱怨時需要注意的幾點：

◎不要忽視。不要認為如果你對出現的抱怨不加理睬，它就會自行消失。不要誤以為如果你對員工奉承幾句，他就會忘卻不滿，會過得快快樂樂。事情絕不可能如此簡單，沒有得到解決的不滿將在員工心中不斷發熱，直至沸點

——這就是你遇到麻煩的時候——你忽視小問題，結果惡化成大問題。

◎認真傾聽。認真傾聽員工的抱怨，不只有表明你尊重員工，而且使你有可能發現究竟是什麼激怒了他。例如，一個打字員可能抱怨他的打字機不好，而他真正抱怨的是檔案員而不是打字機，是檔案員老打攪他，使他經常出錯。因此，要認真地聽人家說些什麼，更要聽到絃外之音。

◎掌握事實。即使你可能感覺到不迅速作出決定會有壓力，你也要在對事實進行充分調查之後再對抱怨作出答覆。要掌握事實——全部事實。要把事實瞭解透了，再做出決定。只有這樣你才能做出完善的決定。小小的抱怨加上你匆忙的決定可能變成大的衝突。

拓寬上下溝通的管道

在今天，企業中的溝通早已不再侷限於辦公室中面對面的談話，它以各種方式滲透在企業的每一個角落。

優秀的管理者總是善於利用各種機會與員工們進行雙向溝通，透過種種途徑來加強相互之間的交流。溝通多了、順暢了，衝突自然就少了。

第一，用正面的交流來建立彼此的信任

美國達納公司是一家生產諸如銅製螺旋槳葉片和齒輪箱等產品的，它主要滿足汽車和拖拉機行業普通次級市場的需要，擁有三十億美元資產的企業。二十世紀七〇年代初期，該公司的員工每人平均銷售額與全行業平均數相等。到了七〇年代末，在並無大規模資本投入的情況下，它的員工每人平均銷售額已猛增了三倍，一躍成為《幸福》雜誌按投資總收益排列的五百家公司中的第二位。這對於一個身處如此普通行業的大企業來說，的確是一個非凡紀錄。

一九七三年，麥斐遜接任公司總經理，上任後，他做的第一件事就是廢除原來厚達五十七厘米的政策指南，代之而用的是只有一頁篇幅的宗旨陳述。其中有一條是：面對面的交流是連絡員工、保持信任和激發熱情的最有效的手段。關鍵是要讓員工們知道並與之討論企業的全部經營狀況。

麥斐遜說：「我的意思是放手讓員工們去做。」他指出：「任何一些做這項具體工作的專家就是做這項工作的人，如不相信這一點，我們就會一直壓制這些人對企業做出貢獻及其個人發展的潛力。可以設想，在一個製造部門，在方圓二十三平方米的天地裡，還有誰能比機床工人、資料管理員和維修人員更懂得如何操作機床、如何使其產出放到最大、如何改進品質、如何使原物料流量最佳化並有效地使用呢？」他又說：「我們不把時間浪費在愚蠢的舉動上。我們沒有種種手續，也沒有大批的行政人員，我們根據每個人的需要、每個人的志願和每個人的成績，讓每個人都有所作為，讓每個人都有足夠的時間去盡其所能……我們最好還是承認，在一個企業中，最重要的人就是那些提供服務、創造和增加產品價值的人，而不是那些管理這些活動的人……這就是說，當我處在你們的空間裡時，我還是得聽你們的！」

麥斐遜非常注意與員工面對面的交流。他要求各部門的管理機構和本部門的所有成員之間每月舉行一次面對面的會議，直接而具體地討論公司每一項工作的細節情況。麥斐遜非常注重培訓工作和不斷地自我完善，只有達納大學，就有數千名員工在那裡學習，他們的課程都是務實方面的，但同時也強調人的信念，許多課程都由資深的公司副總經理講授。在他看來，沒有哪個職位能比達納大學董事會的董事更令人尊敬的了。

麥斐遜還特意強調說：「切忌高高在上、閉目塞聽和不察下情，這是青春不老的祕方。」一個在通用汽車公司有著十六年年資、被解僱的工人說：「我猜想解僱我的原因是由於我的工作品質不好。但是，在這十六年裡，有誰來向我徵求過改進品質的意見呢？從來沒有過。」上級不能體察下情，必然會造成上下的嚴重對立，進而影響企業的發展。

第二，利用內部網路開啟溝通新天地

在現代的企業管理中，大部分的公司都建立了自己的內部網路，便於上下各個部門的有效溝通，先進的網路資源為公司間的溝通提供了更為便利優越的條件。試想一下，你有一個好的想法，組織專門的討論會可能會非常煩瑣，要找到相關人員，還要定一個大家有空的時間，但如果你換一種資訊交流的方式，在公司BBS上發布一個訊息，讓大家對你的想法進行公開的討論，可能會取得更好的效果。如果你對你的上司有小小的建議或是申訴一下自己的委屈，那麼E-mail的快捷與隱秘可以說明你更好地達到自己的目的，起碼可以給上司留個面子。當然，如果你是主管，對於員工工作的績效不佳，利用E-mail進行提醒也會發揮到很好的效果，不妨就試試看。

當然有的員工對總經理的辦公室總是會有恐懼感，倘若你想要找某個員工談話，就應該避免讓員工去你的辦公室，身為主管的你一定要走進他們中間，走到他們工作的地方，並在員工工作的時候與之溝通，此時若用內部網路或者內部論壇進行交流，就可打破那種過於正式的氛圍，讓團隊成員與你交談感覺更舒適，你應仔細傾聽他們的話，對他們提出的問題隨時做出必要的回應。記住，你的表現越認真，積極的影響就越突出。

比爾・蓋茲在微軟公司內部，採用網路和員工聯絡，打破了管理上的層級之分，減少和避免了多層管理帶來的問題，企業的管理者將自己的想法貫穿永遠，使公司營運的計劃，透過網路及時瞭解和掌握企業內部的情況並進行決策。

借助先進網路模式，蓋茲將公司員工，按各個專案分成許多不同的「工作小組」。微軟公司內部的各個不同作業系統與應用程序，交給不同的「工作小組」負責開發，以便能夠讓工作人員發揮其創造力，設計出最佳產品。

微軟公司的這種注重溝通的企業文化，使企業得以靈活應對變化中的市場，不遠離消費者。透過網路連線，員工能夠及時瞭解企業與經營者的經營理念，領會上級意圖，明確責權賞罰，避免推卸責任，打消「混日子」的想法，而這一點對於以「工作小組」為運作核心的微軟公司而言，是非常重要的。

比爾・蓋茲不只一次提到電子信件用起來極為方便。利用網路，他可直接與員工討論工作問題，及時指出錯誤，說明員工及時改正錯誤，限定期限，形成高階系統，保持高效運作。作為員工，利用網路辦公，不需要和公司的管理人員直接見面，可以在任何時間、任何地點就某項工作進行熱烈討論，大大提高了工作效率。

在比爾・蓋茲的日常工作中，他會向三、四個人傳送資訊：「讓我們取消星期一上午九點的會議，每個人用這段時間來準備星期二的會談。怎麼樣？」對此，往往得到很簡潔的回答：「好的。」

如果這樣的交流看起來很簡單，那麼請記住：微軟公司的一個普通員工每天會收到幾十封這類電子資訊。一個電子信件就好比會議上做出的一個陳述或提出的一個問題——是人們在通信過程中所想到或要質詢的東西。為了商業目標，微軟公司設有電子信件系統，但是，就像辦公室裡的電話，它還為社會或個人提供其它多樣的服務。例如，徒步旅行者可以為要找到坐騎上山會把電話打給「微軟徒步旅行者俱樂部」的所有成員。

每天，比爾・蓋茲都要花幾個小時閱讀來自全球的員工、客戶和合作者的電子信件，並積極做出答覆。公司中的每一個人都可把電子信件傳送給他，而蓋茲是唯一一個能讀它的人，不必擔心禮儀問題。

甚至在比爾・蓋茲旅行的時候，每天晚上，他都要把自己的筆記型電腦和微軟公司的電子信件系統連線起來，補充新的資訊，同時把他在這一天旅行中所寫下的東西傳遞給公司的職員。許多接收蓋茲的資訊的人甚至都沒有意識到他不在辦公室裡。當蓋茲從遙遠的地方和他們共同的網路連絡起來時，也可以點一下某個圖示，以便瞭解銷售情況，檢查計劃的實施情況，並可以得到任何基本的管理數據。當蓋茲在千萬里之外或幾個時區之外時，只有檢查一下他在公司中的電子信箱才能讓他放心，因為壞消息幾乎總是從電子信件中傳來。所以假如沒有什麼壞消息傳來的話，蓋茲就用不著擔心了。

第三，加強非正式的溝通

在優秀的企業中，管理者的指令總是能夠被迅速地執行。這正是因為在這些企業裡，多種的溝通方式，尤其是非正式的溝通使上下隨時保持交流的結果。

優秀企業裡資訊溝通的性質以及對這類溝通的運用，都是顯著不同於它們那些不那麼出色的同行們的。優秀企業本身就是一個巨大的、不拘形式的、開放性的資訊溝通交流系統。交流的模式和強烈程度能使需要交流通氣的人們之間，得以保持經常的往來接觸，而且只有由於這類接觸的經常性以及它所具有的性質（如同級之間是處於半競爭狀態下），就能使得整個系統的混亂和無政府傾向受到很好的控制。

企業中資訊交流的頻繁與深入是顯而易見的。它們所以能做到這一步，往往首先是由於堅持採取非正式的交流方式。如何才能做到這一點呢？

旦達公司是一個以人為重心的公司，它提出「旦達為家的感覺」的哲學理念，並全力去付諸實踐。這家公司在公司內部徹底實行這套哲學理念，員工薪資付得比別家航空公司高，而且盡可能避免裁員。

旦達的成功來自許多小事情的集合。而門戶開放政策決定了旦達的風格。前任總經理畢伯解釋說：「我的地毯必須每月清洗一次，所以我找機械師、飛機駕駛員，以及機上服務人員全都來見我，如果他們真想告訴我們一些事情，我們會給他們時間。他們不必層層向上報告。總裁、總經理、副總經理……沒有一個人有『祕書』來擋掉求見者。」當然，這是採取門戶開放政策所發揮的效果。

一九七九年二月，旦達航空公司機械工人伯奈特少領三十八美元薪水，公司未付他清晨兩點提早上班修一具引擎的加班費。這位四十一歲的技工寫信給旦達公司總經理賈瑞德，向他反映了這件事。三天後，伯奈特拿到了三十八美元，以及一封直屬上司寫給他的道歉信。

旦達航空公司最有趣的一個觀念是，管理部門可以互相交換工作。例如總裁堅持所有的資深副總經理都要接受從事公司裡任何工作的訓練（雖然不可能開飛機）。即使身為資深副總經理也應充分明白彼此的業務，以便萬一有必要時，任何每人平均可以替代他人工作。而且，聖誕節的時候，高階主管還需加班當行李工人。

同樣，旦達公司的主管多花許多時間，只是為了與員工聊聊天。高階主管一年至少要跟員工聚會一次，公司裡的最高階層與最低階層直接交換意見。花在溝通意見上的管理時間多得驚人，簡直令那些不在這種環境中工作的人無法想像。例如，最高主管部門一年內連續舉行四天會議，只是為了和亞特蘭大的隨機服務員談話而已。資深副總經理們一年通常要花一百多天，風塵僕僕於各地，還不內含清晨一點或兩點搭機查勤大夜班。從高階主管開始即彼此密切地交換意見。每週一上午有個主管會議，檢查所有的計劃、所有的問題與公司財務。然後，資深副總經理領著自己所轄部門的各主管吃午飯，讓他們知道最新情勢。因而公司的事很快地且定期地傳遍全公司上下。IBM公司在這方面也花了大量時間和精力。開門政策是它原來的老領導人沃森的哲學裡的一個重要組成部分。直到今天，對它的三十五萬名員工仍在實行著。

董事長對於任何員工的投訴，依舊逐一親自答覆。開放政策在旦達航空公司也頗盛行，「開放」在列維・斯特勞斯公司裡意義重大，人們把它叫做「第五大自由」。

讓管理人員走出辦公室，這也是有助於促進非正式交流的。在聯合航空公司，艾德・卡爾遜把這稱之為「有形管理」，也叫「巡視管理」（MBWA）。惠普公司把它叫做「周遊式管理法」，並把它當作至關重要的「惠普之道」中的一項主要信條。

科寧玻璃公司在它新增的工程大樓裡裝設了自動扶梯（而不是普通電梯），為的是能增加面對面接觸的機會。明尼蘇達採礦製造公司裡，凡是員工人數達十人左右的部門，就發起舉辦俱樂部，唯一的目的就是想增加午餐時以及平時隨時解決問題的機會。一位花旗銀行的高階職員說，他們有個部門裡，營業部和貸款部負責人之間有著分歧，長年累月解決不了；後來這一幫人全都搬進同一層樓去，把辦公桌一靠，這分歧也就煙消雲散了。

這些都意味著什麼呢？就是要有充分的交流溝通。惠普公司所有最寶貴、最重要的規則，都是跟更多的交流溝通有關的。就連惠普公司社會性的和物質性的環境也都能促進這種溝通：你到該公司位於帕洛阿托的總部和工廠裡去轉轉看，用不了一會，就會看見一群群人，坐在有黑板的房間裡，在無拘無束地研究問題。這些臨時性的會議，每個都多半內含有研究與開發、生產製造、工程技術和市場銷售等各方面的人員。這是跟那些平庸的大型企業截然不同的。在那類企業裡，主管和分析人員們從來不跟使用者照面或交談，從來不跟業務員們見見面或談談話，從來也不瞧一眼或摸一下產品。惠普公司的一位職員，在談到該公司中央實驗室的組織時說：「我們並不真清楚，到底什麼結構才算最好。我們有把握的只是一點，那就是要從保持高度非正式溝通下手，這才是關鍵。我們必須不惜一切代價保持住這一點。」

明尼蘇達採礦製造公司也有類似的信念，因此，它的一位高階主管才這麼說：「你們對出色企業做的那套分析只有一點不對頭。你們該加一條第九項原則，那就是資訊溝通。我們這裡的人相互間常有大量直截了當的交談，這就省掉了好些書面的或正式的繁瑣程序。」

所有這些例子，實際上都表明保持上下級之間經常不斷地進行非正式溝通是企業昌盛的法寶。

第四，用各種方式構造萬能溝通

如果將沃爾．瑪特公司的用人之道濃縮成一個思想，那就是溝通，因為這正是沃爾．瑪特成功的關鍵之一。沃爾．瑪特公司以各種方式進行員工之間的溝通，從公司股東會議到極其簡單的電話交談，乃至衛星系統。他們把有關資訊共享方面的管理看作是公司力量的新的源泉。當公司只有有幾家商店時就這麼做，讓商店主管和部門主管分享有關的數據資料。這也是構成沃爾・瑪特公司管理者和員工合作夥伴關係的重要內容。

沃爾・瑪特公司非常願意讓所有員工共同掌握公司的業務指標，並認為員工們瞭解其業務的進展情況是讓他們做好其本員工作的重要途徑。分享資訊和分擔責任是任何合夥關係的核心。它使員工產生責任感和參與感，意識到自己的工作在公司的重要性，覺得自己得到了公司的尊重和信任，他們會努力爭取更好的成績。

沃爾・瑪特公司是同行業中最早實行與員工共享資訊，授予員工參與權的，與員工共同掌握許多指標是整個公司不斷恪守的經營原則。每一件有關公司的事都公開。在任何一個沃爾・瑪特商店裡，都公佈該店的利潤、進貨、銷售和減價的情況，並且不只是向主管及其助理們公佈，而是向每個員工、計時工和兼職員工公佈各種資訊，鼓勵他們爭取更好的成績。薩姆・沃爾頓曾說：「當我聽到某個部門主管自豪地向我彙報他的各個指標情況，並告訴我他位居公司第五名，並打算在下一年度奪取第一名時，沒有什麼比這更令人欣慰的了。如果我們管理者真正致力於把買賣商品並獲得利潤的激情灌輸給每一位員工和合夥人，那麼我們就擁有勢不可擋的力量。」

縱觀沃爾・瑪特公司的成功，有效的交流溝通是很重要的一方面。管理者盡可能地與他的「合夥人」進行交流，員工們知道的越多，對公司事務也就越關心。一旦他們開始關心，什麼困難也不能阻擋他們。如果不信任自己的「合夥人」，不讓他們知道事情的處理程序，他們會認為自己沒有真正地被當作合夥人。情報就是力量，把這份力量給予自己的同事所得到的利益將遠遠超過將消息洩露給競爭對手所帶來的風險。

沃爾・瑪特公司的股東大會是全美最大的股東大會，而每次大會公司都盡可能讓更多的商店主管和普通員工參加，讓他們看到公司全貌，做到心中有數。薩姆・沃爾頓在每次股東大會結束後，都和妻子邀請所有出席會議的員工約二千五百人到自己家舉辦野餐會，在野餐會上與眾多員工聊天，大家一起暢所欲言，討論公司的現在和未來。透過這種場合，薩姆・沃爾頓可以瞭解到各個商店的經營情況，如果聽到不好的消息，他會在隨後的一、二個星期內去視察一下。股東會結束後，被邀請的員工和未參加會議的員工都會看到會議的錄影，並且公司的報紙《沃爾・瑪特世界》也會刊登關於股東大會的詳細報導，讓每個人都有機會瞭解會議的真實情況。薩姆・沃爾頓說：「我們希望這種會議能使我們團結得更緊密，使大家親如一家，為共同的利益而奮鬥。」

毫無疑問，良好的溝通對員工產生了極大的激勵作用，也能給他們帶來巨大的精神鼓舞，透過自身的參與和工作被肯定，使他們感覺到自己對公司的重要性，任何員工都是可以被激勵的，只要他們被正確對待，並得到適當的培訓機會。如果對員工友善、公正而又嚴格，他們最終會把公司當成自己的家。因此，沃爾・瑪特公司想出許多不同的計劃和方法，激勵員工們不斷取得最佳工作實績。

公司每次的股東大會上，經理人員們要向退休者致敬，並且表揚取得最高銷售額的部門主管，向獲得最佳駕駛記錄而贏得安全獎的卡車司機表示敬意，為店面陳設最富創意以及在業務競賽中獲獎的員工鼓掌致謝。薩姆・沃爾頓說：「我們希望員工們知道，作為經理人員和主要股東，我們衷心地感謝他們為沃爾・瑪特公司所做的一切。」

沒有哪個人不喜歡讚揚，因此，沃爾・瑪特公司尋找一切可以讚揚的人和事。員工有傑出表現，公司都會給予鼓勵，使員工知道自己對公司多麼重要。以此來激勵員工不斷創造，永爭先鋒。由此又促使員工以正確的方法行事。沃爾・瑪特相信，做到這一點，人類的天性就會表現出積極的一面。

沃爾・瑪特公司還積極鼓勵員工提出自己建設性的想法，在公司經理人員業務會報上，經常邀請一些有真正能改進商店經營的想法的員工來和大家分享他的心得。例如，公司邀請那些想出節省金錢辦法的員工來參加主管會議，從他們的構想中每年可以節約幾百萬美元。其中絕大多數想法都是普通常識，只是大家都認為公司已經很龐大而沒有必要那麼做罷了。其中一名運輸部門的員工，對於擁有全美國最大私人卡車車隊的沃爾・瑪特公司卻要由其它運輸公司來運送公司的採購貨物感到大惑不解，她提出了用公司自己的卡車運回這些東西的辦法，一下子為公司節約五十萬美元以上。公司表彰了她的構想，並給予她獎勵。

多年來，沃爾・瑪特公司從員工那裡汲取了很多好的想法，並激勵員工不斷為公司的發展出謀劃策，進一步增強員工們的參與意識，使他們真正感到自己的「合夥人」地位。

善於聽取意見就能發揮員工潛能

在中國封建社會時期，往往把能否「虛心納諫」作為衡量一個皇帝明與昏的標準，在現代社會，是否能夠聽取下屬意見仍然可以看出一個管理者的管理能力和成熟與否。

比爾・蓋茲指出：作為管理者，你所要做的工作只是巨集觀把握，高瞻遠矚，而不是關心那些具體的細枝末節。因此，你所決定的只是告訴你的下屬去做什麼事，至於具體怎樣去做，你應該放心地由下屬去思考，切忌不要搞獨斷專行，不管大事小事，什麼都是自己說了算，那簡直是管理者最大的禁忌。一個被剝奪了應該具備起碼思考能力的員工，那就成了一個單純的體力勞動者，而不是公司的一位具有可開發性的人才。要搞清楚，具體的工作是要求你的部下思考如何去努力做好並完成工作的，而不是你分內的事，千萬不要越俎代庖，所有大事小事都一把抓。

如果你只有一個人，一個頭腦，沒有辦法去說服團體中的每一個人，每個人都有自己不同的方法、主意，你想把自己的做法滲透到每一個具體作業人員的手中，那是不可能的，也是要失敗的。

個人能力是有限的，而大家的合力是巨大的，如果只有按照個人的意願去辦集體的大事，那往往具有很大的侷限性。所以，作為一個領導人，必須懂得發揮你的手下的作用，讓他們提出好的構想，在某些具體作業的過程中，讓他們充分發揮自己的思考才能，給他們思考的機會。

人多智囊全，大家共同的主意遠比某些個人的想法要全面得多。只有憑一個人的想法去辦事，就會多有偏頗之處，如果你作為一個管理者卻忽略了集體的力量和才智，那將是最大的損失。

所以，管理者要給下屬一個足夠的思考空間和更多思考的機會。

善不善於納諫，在某種程度上而言，是決定一位領導人是否會成功的不可缺少的因素，同時這也會決定作為領導人會不會達到他一生中事業的最高峰。

屬下的工作動機是多種多樣的，來自他們的意見代表了不同層次、不同方面的各種情況，正確地聽取他們的意見，營造一種民主的氛圍，無疑會讓每位員工都感覺到舒心，從而刺激工作積極性。切不可忽視這些至關重要、影響全局的因素。

更有人把善於納諫上升為一種藝術。比爾・蓋茲覺得許多管理者在這方面做得非常好。

麥克・米克是一家擁有近萬名職員、每年淨利約四億多英鎊的跨國大公司。該公司的最大特點就是：善於聽取屬下意見，並以此聞名。該公司培養出一種民眾決策的優良作風，那些重大的決策、未來的目標、政策或方案，甚至都有最基層的員工來參與。公司認為，那事實上是最有價值的討論和對話營造這樣一種環境，是對屬下的意見寄予充分的重視，因為公司的發展是眾人的合力，大家的共同意見，才是公司發展的正確道路方向。

你也應該學習從下屬那裡吸取智慧，也許他們的某些構想將會對整個集體有用，但如果你不採用的話，那簡直是一大損失，你是否考慮到把聽取意見形成一種規定呢?這與設定什麼意見箱、意見簿之類的做法是不同的，那些從某種程度上而言只是一種形式主義，因為當主管的人往往是不明瞭問題的真正之所在，所以是形同虛設，並沒有發揮到什麼效果。

蓋茲認為，比較有效的做法是：作為一個高階管理者，你應該經常拿出一些時間來與你下屬的主要人物談話，徵求一些他們關於本公司的意見和建議。如果所得構想對公司是有益的，就應該提到議程上來加以考慮、討論和實施。我們相信，一個迅速發展的公司，注重公司內部人才利用，發揮他們多方面的潛力，才會使公司健康有利地發展壯大。

如果管理者能聽取部屬的意見，他的部屬就必能自動自發地去思考問題，而這也正是使人成長的要素。我們可以設想一下：身為部屬的人，如果經常能覺得自己的意見受上司重視，他的心情當然高興，於是不斷湧現新構想、新觀念，提出新增議。當然，他的知識也會愈來愈寬廣，思考愈來愈精闢，而逐漸成熟，變成一個睿智的經營者。

相反，如果部屬的意見經常不被上司採納，他會自覺沒趣，終於對自己失去信心。加上不斷地遭受挫折打擊，當然也懶得動腦或下苦功去研究分內的工作了。整個人變得附和因循，而效率也就愈來愈差了。

一般而言，多數管理者的工作經驗會比較豐富，專業知識也比部屬精深。所以部屬所提出的意見，在管理者眼中，也許根本就不成熟，不值一顧。尤其在管理者忙碌的時候，更不可能有耐心去聆聽。所以，關於管理者是不是一定要聽取部屬的意見，或以什麼態度去聽取部屬的意見，這件事情恐怕還是見仁見智，很難有一致的答案的。也許部屬的意見聽起來是幼稚可笑，但上司必須有傾聽的態度。假使在態度上能注意到這點，部屬就會感覺被重視，而更主動找機會表現自己的才能。

即便部屬的意見不可取，管理者也不能當頭潑冷水，而應該誠懇地說：「你的意見很好，但是，有些地方顯然還需多加斟酌，所以目前還無法採用。但我還是很感謝您，今後如果有別的意見，仍希望您多多提供。」如果管理者的措辭這麼客氣的話，部屬的意見儘管不被採納，心裡也會覺得很坦然。同時也會仔細檢討自己議案中所忽略的事，然後再提出更完整的構想。

把快樂與下屬一起分享

有些管理者一遇到高興的事，總是喜歡單獨享受，其實，如果不需要保密的話，把高興的事與下屬一起共享，更會激起下屬的工作熱情，這其實也是管理好下屬的一個好方法。

海因茲是美國亨氏公司的董事長，亨氏公司以生產醬菜而著稱，海因茲被人們稱為「醬菜大王」。亨氏公司年銷售額高達六十億美元，是美國頗有名氣的大公司之一。海因茲與下屬們的關係非常融洽，亨氏公司的勞資關係被公認為是「全美工業的楷模」。

有一段時間，海因茲的身體不大好，醫生們建議他到佛羅里達去度假。下屬們得知後對他說：「應該好好玩一玩，你工作太累了，一年到頭也難得輕鬆那麼一回。」海因茲聽了下屬們的話便到佛羅里達去度假，但是沒過幾天他提前回來了。「怎麼這麼快就回來了？」下屬們驚訝地問。海因茲說：「我一個人玩也沒有多大意思。」

但下屬們很快發現，廠區中央多了一個大玻璃箱。下屬們好奇的走過去看，原來裡面有一隻短吻鱷，重達八百磅。

「怎麼樣？這個傢伙看起來還不錯吧？」海因茲高興地問。有些員工說：「從來就沒有看到過這麼大的短吻鱷。」還有一些員工說：「東西不在大小，而在於一片真心。」海因茲笑呵呵地說：「這大傢伙令我興奮，給我這次佛羅裡達之行留下了最難忘的記憶。請大家工作之餘一起與我分享快樂吧！」

原來，這隻短吻鱷是海因茲從佛羅里達特意為下屬們買回來的。「與下屬們一起分享快樂」，這不只有是海因茲快樂的源泉，也是他管理下屬的一個絕招。

其實，人往往一有了快樂、榮耀就容易自我膨脹，管理者更是如此，這種心情是可以理解的，但下屬就遭殃了，他們要忍受你的囂張氣焰，卻又不敢出聲，因為你是上司並正在鋒頭上；可是慢慢的，他們會在工作上有意無意地抵制你，不與你合作，讓你碰釘子。因此管理者有了快樂和榮耀，要更謙卑；要不卑不亢不容易，但「卑」絕對勝過「亢」，就算「卑」得肉麻也沒有關係，下屬看到你的謙卑，會說「他還滿客氣的嘛！」當然就不會找你麻煩，和你作對了。謙卑的要領很多，但做到以下二點就差不多可以了：

◎對下屬要更客氣，快樂和榮耀越高，頭要越低。

◎和下屬同享快樂和榮譽後就別再提你的快樂、榮耀，再提就變成吹噓了！

其實別獨享快樂和榮耀，說穿了就是不要威脅到下屬的地位和利益，不要侵占下屬的生存空間。因為你的榮耀會讓下屬變得暗淡，產生一種不安全感；而你的感謝、分享、謙卑，正好給下屬吃下一顆定心丸，人性就是這麼奇妙，沒什麼話好說。如果你習慣獨享快樂和榮耀，那麼總有一天你會獨吞苦果。

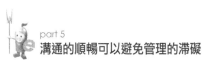

勇於認錯是達到良性溝通的好方式

有的管理者在對待與下屬的關係問題上往往會走入了一個錯誤觀念：一定不能讓下屬看到我的缺點和錯誤，否則我就威信掃地，難以受到尊重了。基於這一認識，有的管理者從不會在下屬面前承認錯誤，哪怕是顯而易見的錯誤。這樣的結果，反倒會讓自己在下屬心目中的形象大大受損。

美國的戴爾電腦公司CEO邁克爾・戴爾不只有讓對手咬牙切齒，竟也讓下屬痛苦不堪。戴爾公司在二〇〇一年曾做過一次調查，調查顯示，有高達半數的下屬表示一有機會就將跳槽，因為，下屬認為戴爾不近人情、感情疏遠，對他沒有強烈的忠誠感。不過，大部分下屬還是留了下來，一年又一年地咬著牙推動著公司快速成長。這般驚人的成就與內在的矛盾並存，令人不得不思索——邁克爾・戴爾除了以「直銷」贏得盛名之外，他還有什麼過人之處？其實，戴爾並沒有什麼高招，只是坦然承認自己的錯誤並加以改進。

戴爾在二〇〇一年就曾對手下二十名高階主管認錯：承認自己過於靦腆，有時顯得冷淡、難於接近，承諾將和他們建立更緊密的連絡。下屬對「極度內向」的戴爾公開反省非常震驚——如果戴爾都可以改變自己，其它人有什麼理由不效仿呢？戴爾以下屬為鏡，照出都是靦腆惹的禍，靦腆是錯誤嗎？戴爾的回答是：「如果下屬說是，那就是。」「認錯要認下屬眼中的錯，不是認自己腦中的錯。」

管理者也是凡人，不可能不犯錯。我們不怕犯錯，不怕認錯，怕的是認錯不當而錯上加錯。當你錯了，就要迅速而坦誠地承認。

當然，認錯要選擇合適的時機、對象和方式，不是怎麼方便怎麼來。一般而言越快認錯越好。戴爾知道調查結果後一週之內當眾認錯。至於對象，原則是傷害了什麼人就向什麼人認錯。認錯要用最能傳遞真誠的方式，不是用你喜歡的方式。

紐約《太陽時報》主筆丹諾先生在讀稿時，常常喜歡把自己認為重要的幾段用紅筆勾出，以提醒排校人員「切勿將它遺漏」。

但是有一天，一位年輕校對員偶然讀到一段文字，也是被人用紅筆勾出的，上面大致是說：「本報讀者雷維特先生送給我們一個很大的蘋果，在那通紅美麗的皮上露出一排白色的字，仔細一看，原來是我們主筆的名字。這真是一個人工栽培的奇蹟！試想，一個完整無缺的蘋果皮上，怎樣會露出這樣整齊光澤的字跡來呢？我們在驚奇之餘，多方猜測，永遠不明白這些奇蹟是怎樣出現在蘋果上的。」

那個年輕的校對員是一個常識豐富的人，他讀了這段文字不禁好笑起來。因為他知道這些蘋果皮上的字跡，只要趁蘋果還呈青色時，用紙剪成字形貼在上面，等蘋果發育紅時，將紙揭去，這根本是個小朋友的惡作劇而已。

所以，這位年輕的校對員心想，這段文字如果登了出來，必將被人譏笑，說他們的主筆竟會愚笨至此，連這樣一點小「魔術」也會「多方猜測，永遠不明……」因此，他便大膽地將這段文字刪掉了。

第二天一早，主筆丹諾先生看了報紙，立刻氣呼呼地走來，向他問道：「昨天原稿中有一篇我用紅筆勾出的關於『奇異蘋果』的文章，為何不見登出？」

那位校對員誠懇惶恐地把他的理由說明後，丹諾先生立刻十分誠摯和藹地說：「原來如此！是我錯了，我向你道歉，你做得十分正確，以後只要有確切可靠的理由，即使我已用紅筆勾出，你仍不妨自行取捨。」

誰都會犯錯誤，管理者也不例外，下屬不會因為你對錯誤的遮掩和固執而仰視你，同樣也不會因為你的坦然認錯而小看你。相反，勇於認錯會讓下屬看到你的坦誠和改正錯誤的勇氣，從而更加欽服你。

part 6

要給予下屬發表個人意見的機會

普通員工有沒有發表個人意見的權力和機會，
是衡量一個組織是否良性運轉的標準之一。
管理者要營造一個所有人都能暢所欲言的管理氣氛，
這樣，組織中的每個人都會覺得自己是其中重要的一員，
會心情舒暢地做好自己的工作，
這往往比一些嚴厲的管理措施要有效得多。

營造讓下屬大膽開口的氛圍

管理者是員工的上司，在一定程度上員工對於管理者是敬畏有加的。所以在管理者與下屬溝通的時候，下屬經常是唯唯諾諾，不敢多應聲，或者是過於拘謹，不敢放開手腳表達自己的意思。如果管理者也是這樣，氣氛就會很沉悶，萬一再有一些爭執，很可能造成不良後果。作為管理者應該學會營造一種寬鬆、和諧的氣氛來進行溝通。

管理者在與下屬的溝通中，聽取下屬的意見，把他們當成自己的「參謀」，是溝通的重要目的之一。在聽取下屬意見時要注意：

第一，不要心不在焉

管理者聽取下屬意見時的態度，對下屬的情緒有著很大影響。如果態度認真，精神專注，下屬會感到上司是重視聽他的意見的，從而把自己的想法毫無保留地說出來。如果心不在焉，一會兒打個電話，一會兒向別人交代事情，一會兒插進與談話內容不相關的問題，就會使下屬感到管理者並不重視他的意見，不是真心誠意聽他講話，從而「偷工減料」，把一些準備談的重要意見留下不談了。所以，聽取下屬意見時，只要不是臨時倉促決定的，談話之前一定要把其它事情安排好，避免到時發生干擾。

第二，不要倉促表態

有的管理者在聽取下屬意見時，往往喜歡當場倉促表態。這對下屬充分發表意見是很不利的。對贊成的意見表了態，其它人有不同意見可能就不談了；對不贊成的意見表了態，發言者就會受到影響，妨礙充分說明自己的想法，甚至話說到一半就草草結束。管理者在聽取意見時，最好是多做啟發，多提問題，不只有使下屬把全部意見毫無保留地談出來，還要引發他談出事先沒有考慮到的一些意見。

第三，不要只埋頭記錄，不注意思考

埋頭記錄，固然表示管理者重視，但不注意思索，往往會把下屬意見中可取之處或蘊含著的有價值的意見漏掉。所以，管理者在聽取意見時，固然要用筆記下要點，但更重要的是要注意思索，要善於從下屬發言中擷取和發現有意義的內容，並及時把它提出來，以引發人們的進一步思考。

管理者徵求下屬意見時，經常會有人提出反面意見，這是正常的現象。但能否正確對待反面意見，則是關係到下屬能否充分發表意見，關係到能否從下屬意見中吸取智慧的十分重要的問題。

通常所說的反面意見，就是指與管理者的意見或居主導地位的多數人的意見相反的意見。反面意見這個詞並不含有內容是否正確的含義，它可能是錯誤的，也可能是正確的，因此不能將它與錯誤意見混同起來。明確這一點，才有可能正確認識和對待反面意見。

管理者應鼓勵和支持下屬提出不同意見，注意發現反面意見。當討論問題出現反面意見時，既不要斷然拒絕，也不要急於解釋。而應以熱情歡迎的態度，認真地耐心地聽取，要讓提出者詳盡地闡明自己的意見和理由，然後對他們的意見進行認真的分析。對其中合理的部分應肯定，並納入到方案或決議之中，有的合理意見由於某種客觀原因一時不便納入的，也應明確說明，以便提意見者理解。對其中不合理的部分，則應透過討論，從正面說明道理，說明提意見者提高認識。

另外，要正確識別和對待錯誤意見。面對錯誤意見，管理者一定要冷靜，仔細地分析，明確它們錯在哪裡，採取什麼相應的方法，耐心地說明道理，使發言者從認識上得到提高，不影響方案和決策的制定；並且盡可能從這些錯誤意見中吸取有益的東西，使制定的方案和決策更加完善。

為了使下屬發表意見的積極性不受挫傷，能夠持久地保持下去，管理者需要對下屬的意見，不管是正確的或錯誤的、正面的或反面的、重要的或不重要的、有價值的或沒價值的，都應有所交代。對正確的和有價值的意見，不只有口頭上接受，工作中採納，還要給以表揚甚至獎勵。一切意見中的可取之處，都應吸收到方案或工作中去，並且告知提意見者。對沒有可取之處和錯誤的意見，也應對提意見的人表示感謝，說明提意見就是對企業的關心，而關心就值得感謝，鼓勵他們以後繼續關心企業的事業，發現了問題和有什麼想法及時提出來。在企業內部養成下屬勇於發言的傳統。

管理者與下屬交流的時候，要注意使用各種方法。比如說談論一些下屬感興趣的事，然後轉入正題，或者在場面僵持的時候，來一個適當的幽默，整個談話的氣氛就會為之一變，員工的積極性也會被提高起來。

某部門湯尼經理很善於創造氛圍。在一次會議上，湯尼經理想讓大家暢所欲言，大家反而有些拘束，為了把氣氛弄得活躍一些，湯尼經理又發揮他的特長。他說：「有個善於演講的人總結了一條經驗，要調節會場情緒，只要注意看兩個人：一個是長得最漂亮的，看那個人可以讓你的講話更有色彩；第二個是要注視會場上最不安定的那個聽眾，這樣你會更有信心。我想學習這個方法，但是我看了一下我們的會場，發現長得漂亮的就有一百個，可是沒有不安定的聽眾，這可讓我不知所措了……。」員工們聽完哈哈大笑，氣氛一下子活躍起來。員工們也對這位經理有了更深的好感。

人在一個輕鬆、和諧、融洽的氣氛中，心情愉快，最易提高起積極性和創造性，很多靈感會如泉湧，工作效率隨之大幅提高。所以，作為管理者，必須善於給下屬們營造一個輕鬆的氛圍。一個人長期生活在一種壓抑的氛圍裡，很難想像他會把工作做得很好。更不要說讓他主動發表自己的意見了。

管理者和員工溝通時的很多小細節往往會影響到員工對管理者、公司以及工作的看法。中國人心思細密，在交往中喜歡察言觀色，一些員工常常會從管理者和他們的溝通中尋找蛛絲馬跡。他們很注意管理者說什麼，以及沒說什麼。他們也很在意管理者的聆聽能力，以及他們關心員工的程度。如果管理者疏忽了一些小細節，會產生和員工溝通的障礙。管理者要注意態度和控制情緒。成功的管理者不隨波逐流或唯唯諾諾。他們有自己的想法與作風，但是很少對別人吼叫、謾罵或爭辯。他們的共同點是自信，有自信的人常常是最會溝通的人。此外，管理者在溝通時也要注意情緒控制，過度興奮和過度悲傷的情緒都會影響資訊的傳遞與接受，盡可能在平靜的情緒狀態下與對方溝通，才能保證良好的溝通效果。

管理者在與員工溝通的過程中應儘量少用身體語言。身體語言在溝通過程中非常重要，有五〇%以上的資訊可能是透過身體語言傳遞的。管理者的眼神、表情、手勢、坐姿都可能影響溝通。管理者專注凝視對方，還是低著頭或是左顧右盼，顯然會造成不同的溝通效果。管理者坐姿過於後仰會給下屬造成高高在上的感覺，而過於前傾又會對下屬形成一種壓力。因此，管理者要把握好身體語言的尺度，盡可能地讓對方別感到緊張和不舒服。只有讓對方盡可能地放鬆，才能讓他說出真實的感受。總之，管理者要想讓下屬敢說話，說真話，就要在溝通的過程中努力營造最佳的氛圍。

讓員工瞭解實際情況

管理者要想贏得員工們的支援，要想使員工能充分地發表意見，首先必須獲得員工的信任。不管企業是好是壞，員工都有知情權，而且只有知道了具體情況，才能針對問題進行有效溝通。

管理者不向自己的員工說明公司的實際情況，不讓員工瞭解工作的背景會有很多風險，但是管理者也確實很容易忽視這項工作。因為一般而言，員工們不知道公司的實際情況並不會給員工的日常工作帶來阻礙。

只有當公司的危機迫在眉睫，員工們不得不當場做出關鍵的決策時，讓員工瞭解公司的實際情況才顯得舉足輕重。

一個公司主管正在向一個員工表示不滿：「你知道，在半年前，我就宣布我們公司要進入鞋類產品市場。你難道不明白，試探零售商對我們新產品的接受程度有多重要？如果你不下功夫的話，我們怎麼能完成這一工作？」

員工回答道：「我知道在向零售商推銷時，自己確實沒有在新的產品上下功夫，這我承認，可是它並不是我們公司的主要產品。我把精力集中在內衣和睡衣產品上，工作要好做得多。我確實不知道公司準備大規模進軍鞋類市場。其實，主管你可能早就知道新的產品是一條重要產品線的組成部分，但這事從來沒有人對我說過。不用說，要是知道公司將全力進軍製鞋業，我自然會採取完全不同的方式。但你不能說上一句『多下點功夫』就期望我能明白你的意思。你應該把公司的整體規劃告訴我。」

由此可見，如果公司員工不瞭解公司的實際情況，將會給公司帶來多麼大的影響。

管理者告訴員工公司的實際情況，至少有兩個重要的目的：

首先，員工們可以從中得到公司業務主次的資訊。在上面案例中，如果那個員工認為新的產品只不過是公司偶爾對新業務進行嘗試的非主流產品，那麼他對是否能推銷出這個產品就會漫不經心，但要是他知道了這是公司為進入全新的產品領域而用來打頭炮的產品，正如他自己所說，他就會「採取完全不同的方式」。在面對現有的顧客群時，他自然會更加強調這一產品，甚至會去發掘其它的顧客。

其次，員工們可以從中瞭解到自己在公司整體規劃中的職責，以及自己的工作對其它部門的影響。這一整體規劃含有公司的重要目標指向。員工們不只有需要知道公司的重要目標，也要知道自己在達到這些目標中所發揮的作用。

有了這些資訊，員工們就會做出決策，以使公司內部摩擦降到最低程度。

比如，要是上面那個案例中的員工知道自己每個月的銷售預測都將成為決定各條產品線產量的直接依據的話，他會更加謹慎，以便準確及時地做出預測。如果由於認為某個產品沒有銷路，從而削減了該產品的產量，但事後卻因開工不足，未能向顧客及時供貨，當那個員工認識到自己糟糕的預測與怒氣沖沖的顧客的電話之間的連絡時，他會更加謹慎。要是對這些因果連絡以及相關的資訊一無所知，他會認為自己真正的工作是到顧客那裡去推銷產品，而預測工作只不過是「紙上談兵」而已。

如果管理者沒有將公司的資訊告訴給員工們，就增加了他們陷入困境的可能。他們以為自己知道發生的事情，事實卻並非如此。當員工們發現管理者一而再、再而三地不給他們公司的實際資訊時，很快就會對管理者所說的任何話失去信任。繼而對管理者本人產生不信任，由此對上下之間的溝通產生嚴重的破壞。

因此，管理者在與員工的溝通中，必須對員工待之以誠，讓員工知道企業真實的情況，為相互之間的溝通找到最佳的方法。

識別員工的不滿

如果員工工作情緒低落，管理者切莫掉以輕心，因為這種現象如同傳染病一般，能夠很快地讓整個部門或企業陷於癱瘓。

一般而言，可以從某個員工在言行舉止方面的反常表現，來洞悉出其中所潛伏的危機，有情緒的員工通常具有以下幾個跡象：

1、行為異常。菲力普上班時總是愛吹口哨，他最近不吹了，這是怎麼回事。

2、心不在焉。瑪麗沒有聽見你在對她說話。她看上去像在雲山霧罩之中。當你引起她的注意時，她說她剛才在做白日夢。有什麼事嚴重地影響了她。

3、喜怒無常。強森這幾天像頭熊一樣焦躁，甚至連他的老搭檔都避著他。他以前可不是這樣。

4、事故增加。凱文今天上班時又連續受傷了，這是不同往常的。直到上個月以前，他在過去五年內甚至連擦傷都沒有過。

5、缺勤增多。莉娜真令人頭痛，她今天早上缺勤已不是初次了。過去她從來不是太大的包袱，但現在你不得不為使她像以前一樣出勤而費神了。

6、越來越疲勞。凱西似乎生活樸實、準時，但她總抱怨很累，是身體原因還是心有所慮。

7、酗酒。隆恩今天下午在工作時緊張不安，你都替他不安起來。他終於鬆了一口氣，也讓人虛驚一場，他平時不是個愛喝酒的人，今天為什麼喝這麼多酒呢。

8、產量減少。文森的工作進度莫名其妙地慢了下來。

9、浪費。保羅的工作經常出現錯誤或是重覆工作的狀況。

10、不樂意接受培訓。桃莉似乎難以適應新的工作。

如果員工出現了以上情況中的一項或多項，這說明該員工內心產生了某種情緒。出現這些徵兆都不會毫無原因，必須引起管理者的注意。毋須感到驚訝，因為一般人寧可被罵，也不願受到冷落。因此當察覺到某個員工原本非常敬業，最近卻像是夢遊般地頻頻出錯；或是某個人緣極佳的同事，連續幾天都莫名其妙地把自己

「關禁閉」，不屑跟別人聊上一句，那管理者得留意了，因為他們已經向主管亮起了紅燈，發出了一道警訊。倘若未能防微杜漸，及時予以開導，他們的情緒便會越來越低靡，所傳遞的警訊也會越來越強烈。比如，在部門內製造惡毒謠言來弄得人心惶惶，或是在業務上故意捅個大婁子讓人頭痛一番。別忘了，既然是他們的主管，要是依舊坐視不理，讓雪球越滾越大，那最後這個燙手山芋必然還是要留在自己手中。

對自己的公司、薪資、工作或人事作風存在不滿，幾乎是每個員工都有的。如果你遇到這種「消極抗爭」的現象，首先要做的是從產生原因上認識員工的不滿情緒，通常有以下幾種：

1、薪酬與付出不符：大部分人都是為了生計才工作，這是最實際的問題。倘若所付出的勞動，不能維持起碼的生活水準，難免令人洩氣。有些員工不得不做兼職，賺取外快，這樣在工作時難免會精力不足，以致有所錯漏，時間一長造成同事投訴、上司更加不滿的惡性循環。

2、管理者的態度專橫：部屬都是有自尊的，如果你的態度囂張，或者他們稱呼你時你卻用鼻子哼一聲作為回報，肯定會招來員工的不滿或批評。

3、沒有工休時間：這不是明文規定的休息時間，只是員工在工作期間稍事休息，活動活動，聊聊天，藉此鬆弛一下緊張的神經和肌肉。如果公司要求員工不停地工作，連午餐、上廁所的時間都嚴格控制，似乎不近人情，員工疲乏之餘便會埋怨頓生。

4、公司員工人手不足：因管理者的失策或疏忽，一時未能僱人將空缺填補，從而造成要其它員工分擔額外的工作，令本來已忙碌的員工更感吃力。

5、未能公平對待員工：特別優待表現卓越的員工是無可厚非的事，但完全不理會其它員工，甚至將他們一貫的努力抹煞，也是不公平的行為。

6、未獲重視：所有的決策過程都沒有員工參與的份；所提出的建議或點子，上司都當成耳邊風，根本沒有被採納的機會。

7、應酬太多：有一些管理者喜歡與部屬接觸，甚至要求員工在下班的個人時間，辦一些午餐、晚餐或例會一類的活動，直接影響員工的私人生活。

8、必需品供應缺乏：在辦公室中，文具是必需的辦公用品，如行政部門有諸多限制，又要出示舊文具證明已不能用，又要簽名作帳等，好像乞討般才能取得所需的文具用品，那會造成令員工不滿。

9、薪資發放不準時：對辛勞整月的員工來說，「發薪日」就是他們一個月的指望，在銀行排了半天隊，才知道公司未發薪資，那份憤怒可想而知。

10、同事不合作：不是每個員工均具有互助精神，有些人專門喜歡將別人踏在腳下往高處爬。如果這時管理者不夠精明，未能分辨是非善惡，又未加以引導，吃虧的一方一定會滋生對管理者的怨氣。

11、加班沒有額外補償：很多公司只派工作給員工，要求他們在指定時間內完成，至於是否需要逾時工作，公司一般不予理會。遇有員工投訴工作太多，必須抽出私人時間完成，管理者反而批評他無能。

12、職業倦怠：對目前的工作已經提不起興趣了。

13、前途無望：上司既吝於授權，也不曾提供任何職業訓練。

14、臨時要求取消休假：許多管理者要求員工隨傳隨到，不管員工是否在休假中，只要有事，就要急電其回公司上班。此舉令員工非常反感，因為他們會有一種賣身的感覺。

此外，還有許許多多產生不滿的理由，數之不盡。總而言之，作為管理者，一定要從實際工作出發，不斷地累積經驗，找出一套適合你和你的員工的管理辦法。

正確對待員工的不滿

員工產生不滿情緒的原因有很多，管理者在處理企業內部出現的相關問題之前，首先應當深入調查研究，找到員工產生不滿情緒的真正原因。

管理者需要認真聽取員工的意見，容許暢所欲言，並針對不同的情況給予解釋和處理。如果能夠認真負責、公正平等地對待員工的意見，在大多數情況下，員工的不滿就可以消除在開誠布公的交流之中。

當有必要對員工違反紀律的現象採取紀律措施時，有關部門應有令必行，不可一味姑息。否則企業的制度就會形同虛設，管理就會失去權威。對為企業作出貢獻的員工，應當及時地給予獎勵，以樹立榜樣，提高全體員工的積極性。

處理好員工的不滿情緒能夠提高員工工作滿意度，加強員工之間的溝通和信任，提高組織凝聚力和士氣，傾聽是消除員工不滿情緒的妙方。

在日常工作中，員工遇到不如意的事情容易對週圍的人和環境產生不滿。員工累積的不滿需要發洩，最好的方法是「讓他說」，讓他把心中的怨恨發洩出來，以消除他心中的煩惱和不滿。

用語言發洩不滿時，還要有人「傾聽」，摩托羅拉公司就用交談、座談會等方式來傾聽員工的聲音，並取得了驚人的效果。他們發現，不滿和抱怨是一件積壓很久的事，如果員工隨時都有與管理者平等對話的機會，任何潛在的不滿和抱怨，就都會在爆發之前被解決掉。

由此可見，管理者應當學會傾聽，這是消除員工不滿情緒的最佳潤滑劑。作為管理者傾聽員工意見時應該做到以下幾點：

1、誠懇、認真傾聽的態度可以減少員工的不滿。當你來不及傾聽意見時應及時對部屬表示歉意。

2、要善於表示同情與理解。同情和理解會拉近彼此的距離，同時也是消除對方不滿的最佳調和劑。

3、適當地提問和做筆記可使對方真切地感受到你的關心，還可以引導員工對問題癥結進行具體分析。

4、得體手勢、表情等非語言的表達也會使對方感到受到尊重。

除了對員工的不滿傾聽外，還要對集中的意見採取改正措施。並以張貼佈告或者集會宣布等形式廣而告之這樣才能平息不滿情緒。

總之，傾聽是一門藝術，如果管理者善於傾聽，那麼企業內部的協調系統必能進入良性循環，一個和諧、有凝聚力的企業必能為每一個員工創造最好的工作環境，而發洩了不滿情緒的員工依然會給企業帶來回報。

人的積極情緒和消極情緒是同一個硬幣的兩面，如果不讓消極者露面，積極者也就難以「浮出水面」，或者即使是顯現出來，也難以長久。

但在現實的組織中，從上到下幾乎已經達成高度的默契：積極地投入工作中，不要將負面的情緒帶到工作中。對上級要笑臉相迎，對同事要隨和相處。如果將不滿表現出來，小心「吃不了兜著走」，至少也是幼稚和不成熟的表現。組織試圖將一個完整的人分割開來，工作的時候，人最好只有理性，沒有情感；更為苛刻的要求是對工作要充滿熱情，但不能有任何別的情緒。

但事實是，情緒問題從來就沒有真正從組織中消失。而且，由於組織有意無意地壓抑或迴避這個問題，從而沒有為其提供正常的管道，使得不滿情緒一旦暴露就具有很大的破壞力。那些隱藏著的負面情緒並不會消失，而是悄悄地、慢慢地侵蝕著組織的機體。背後的發牢騷、說怪話，傳謠言、暗中挖牆腳、要心機等就成了這種「能量」發洩的主要方式。凡是在背後進行的東西，往往會在主觀上被誇大，從而使誤解叢生，相互間的信任感被破壞。最終是組織的凝聚力、士氣和共有價值觀遭到削弱和破壞。

認真聽取員工的怨言

當員工有不滿情緒時，作為管理者應當認真聽取員工的抱怨。因為抱怨是員工表達自己不滿和宣洩情感的重要方式，聽取員工的抱怨，有助於消除員工的不滿情緒。

管理者在聽取員工的抱怨時，一定要記住以下幾點：

1、不要忽視：不要認為如果對出現的困境不加理睬，它就會自行消失。不要認為如果你對員工奉承幾句，他就會忘掉不滿，會過得快快活活。

事情並非如此，沒有得到解決的不滿將在員工心中不斷發熱，直至沸騰。他會向他的朋友和同事發牢騷，並且可能會得到這些人的贊同。這就是你遇到麻煩的時候——你忽視小問題，結果讓它惡化成大問題。

2、機智老練：不要對提建議（可能是好意的）的員工不加理睬，這樣他或她可能就沒有理由抱怨了。

3、承認錯誤：消除產生抱怨的條件，承認自己的錯誤，並做出道歉。

4、不要譏笑：不要對抱怨置之一笑，這樣員工可能會從抱怨轉變為憤恨不平，使生氣的員工變得怒不可遏。

5、嚴肅對待：決不能以「那有什麼呢？」的態度加以漠視。即使你認為沒有理由抱怨，但員工認為有。如果員工認為它是那樣重要，應該引起你的注意，你就應該把它作為重要的問題去處理。

6、認真傾聽：認真地傾所員工的抱怨，不只有表明你尊重員工，而且還能使你有可能發現究竟是什麼激怒了他。

7、不要發火：當你心緒煩亂的時候，會失去控制，無法清醒地思考，可能會輕率地做出反應。因此，要保持鎮靜。如果覺得自己要發火了，就把談話推遲一會。

8、掌握事實：即使感覺到必須要迅速做出決定的壓力，也要在對事實進行了充分調查之後再對抱怨做出答覆。要掌握全部的事實，要把事實瞭解透徹了，再做出決定。

只有這樣，才能做出完善的決定。「急著決定，事後後悔」。記住，小小的抱怨加上匆忙決定可能變成大的衝突。

9、別兜圈子：在答覆一項抱怨時，要觸及問題的核心，要正面回答抱怨。不要為了要避免不愉快而去繞過問題，要把問題明說出來。答覆要具體而明確。這樣做，談話的真意才不會被人誤解。

10、解釋原因：無論贊同員工與否，都要解釋為什麼會採取這樣的立場。如果不能解釋，在作出決定之前最好再仔細考慮。

11、表示信任：並非所有抱怨都是對員工有利的。回答「是」時，不會遇到麻煩，回答「否」時，就需要利用所有管理技能，使員工能理解並且心情愉快地接受你的決定。

在向他們解釋過你的決定之後，應該表示相信他們將會接受。求助於他們的推理能力、對公平處事的認識和同等對待的信任。努力使他們瞭解你所作那個決定的理由，使他們同意試一試。

12、不偏不倚：掌握事實，掂量事實，然後作出不偏不倚的公正的決定。作出決定前要弄清楚員工的觀點。如果對抱怨有了真正的瞭解，或許能夠作出支援員工的決定。在有事實依據，需要改變自己的看法時，不要猶豫，不要討價還價，要爽快。

13、敞開大門：不要怕聽抱怨，「小洞不補，大洞吃苦」，這句話用於說明在萌芽階段就阻止抱怨是再恰當不過了。要永遠敞開大門，要讓員工總能找得到你。

part 7

恰當的激勵
是高效管理的利器

每一位管理者都希望下屬百分之百地投入工作，
高效率地完成工作。但同時管理者們應該明白，
員工的工作成效與你使用什麼樣的激勵手段有直接的關係。
以高壓、逼迫式的管理取勝的時代早已過去了，
採取恰當的激勵手段，是現代管理者提高管理效率的利器。

以恰當的激勵手段激發出業務精英的工作能量

每個管理者都要手下有些精英，來替自己挑著大樑。如何提高呵護業務精英的積極性是管理者必須具備的一種手段，管理者要巧妙地利用各種方法手段，來刺激業務精英的積極性。否則，事倍功半，缺乏成效，還會使彼此之間關係惡劣。

對於管理者來說，所用之人如能全力以赴，完成工作工作，甚至激發無限潛力，一個人能做三個人的工作，是最理想不過的了。而這不是不可能做到的，只要你善於勵志，充分提高起業務精英的熱情和衝勁，便能做到這一步。激發「尖兵」的積極性，手段多種多樣：

1、工作激勵

◎工作激勵主要指工作的豐富化。工作豐富化之所以能發揮到激勵作用，是因為它可以使「尖兵」的潛能得到更大的發揮。工作豐富化的主要形式有：第一，在工作中擴展個人成就，增加表彰機會，加入更多必須負責任和具有挑戰性的活動，提供個人晉升或成長的機會。

第二，讓「尖兵」執行更加有趣而困難的工作，這可讓「尖兵」在做好日常工作的同時，學著做更難做的工作。可以鼓勵業務精英至外部上課去提高自己的技能，從而能勝任更重要的工作。做更困難的工作，給他展示本領的機會，這會增強他的才能，使他成為一個有價值的「尖兵」。如果一位「尖兵」在工作中不斷得到發展，那麼他往往是一位奮發、愉快的下屬，其創造力、聰明才智會得到充分發揮。

◎給予真誠的表揚。當「尖兵」的工作完成得很出色時，要恰如其分地給予真誠的表揚，不要籠統地用「謝謝你做出了努力」這樣的評語，而應具體、有針對性，「你管理你下屬的方法真厲害，我真不明白你如何能讓這些人做得如此出色，真是令人刮目相看！」這將有助於滿足「尖兵」受人尊重的需要，增加做好本員工作的自信心。

2、薪資激勵

所有「尖兵」都希望自己能從工作中獲得滿足。薪資待遇是滿足其生存需要的重要手段。有了薪資收入，不只有感到生活有保障，而且又是社會地位、角色扮演和個人成就的象徵，具有重要的心理意義。

3、獎金激勵

獎金是超額勞動的報酬，設立獎金是為了激勵「尖兵」超額勞動的積極性。在發揮獎金激勵作用的實際作業中，應注意以下三點：

◎必須信守諾言，不能失信於「尖兵」。失信一次，會造成千百次重新激勵的困難。

◎不能用平均主義。獎金激勵一定要使工作表現最好的「尖兵」成為最滿意的人，這樣會使其它人明白獎金的實際意義。

◎使獎金的增長與公司的發展緊密相聯，讓「尖兵」體會到，只有公司興旺發達，才有自己獎金的不斷提高，而「尖兵」的這種認識會收到同舟共濟的效果。

4、競爭激勵

人們總有一種在競爭中成為優勝者的心理。組織各種形式的競爭比賽，可以激發人們的熱情。比如，各技術工種之間的作業表演賽，各種考察業務精英個人的技能、智慧、專長的比賽，以及圍繞業務精英的學習、工作等展開的各項競爭比賽。這些競爭比賽，對業務精英個體的發展有較大的激勵作用，其表現在兩方面：

◎能充分提高業務精英個體的積極性，克服依賴心理。由於競爭以個體為部門，勝負完全取決於自己的努力和聰明才智，沒有產生依賴心理的條件，因此，能激勵業務精英個人更加努力。

◎能充分發揮「尖兵」個體的聰明才智，促使「尖兵」個體充分發展。「尖兵」在競爭過程中，要完成各種工作，克服各種困難，這就促使他們努力學習、思考，千方百計地去提高和完善自己。

5、強化激勵

強化內含正強化和負強化兩種方式。對於人們的某種行為給予肯定和獎賞，使這個行為鞏固與保持，這就叫正強化。對「尖兵」正確的行為、有成績的工作，就應表揚和獎勵，表揚與獎勵就是正強化。相反，對一些行為給予否定和懲罰，使它減弱、消退，這叫負強化。

強化激勵，可歸納為如下四字口訣：

◎獎罰有據，力戒平均。
◎目標明確，小步漸進。
◎標準合理，獎懲適量。
◎投其所好，有的放矢。
◎混合運用，獎勵為主。
◎打鐵趁熱，回饋及時。
◎一視同仁，公允不偏。
◎言而有信，諾比千金。

6、支援激勵

在公司的人們可以明顯地感覺到，對一個員工來說「我批准你怎樣做」與「我支援你怎樣去做」，兩者的效果是不同的。一個好的公司管理者，應善於啟發「尖兵」自己出主意、想辦法，善於支援「尖兵」的創造性建議，善於集中「尖兵」的智慧，把「尖兵」頭腦中蘊藏的聰明才智挖掘出來，使人人開動腦筋，勇於創造。

管理者要愛護「尖兵」的進取精神和獨特見解，愛護他們的積極性和創造性。創造一種寬鬆的環境，比如信任「尖兵」，讓他們參與管理，沒有什麼能比參與做出一項決定更有助於滿足人們對社交和受人尊重的需要。因此，出色的管理者，應讓「尖兵」參與制定目標和標準，這樣他們會更加努力，發揮出最大潛能。

7、關懷激勵

得到關心和愛護，是人的精神需要。它可以溝通人們的心靈，增進人們的感情，激勵人們奮發向上，挖掘人們的潛力。作為一個管理者，對全體員工應關懷備至，創造一個和睦、友愛、溫馨的環境。管理者生活在團結友愛的集體裡，相互關心、理解、尊重，會產生興奮、愉快的感情，有利於展開工作。

總之，激勵的具體手段可以不拘一格，重要的是，要明白「拉」的目的和意義，拿捏好「拉」的分寸，這樣，就能以四兩之力撥動千鈞，把一個個能力超強的精英人才管得服服帖帖。

對於下屬的優異表現以誠心誠意的讚美

常言道：「十句好話能成事，一句壞話事不成。」讚美、恭維的話人人都愛聽，這是人們的共同心理。恰如其分的讚美肯定會讓別人精神愉悅，贏得他們的信任和好感。

一九二一年，當查爾斯・史考伯成為美國鋼鐵公司的第一任總裁時，他就得到了一百萬美元的年薪，鋼鐵大王卡內基為什麼肯給他如此高薪?史考伯說：他得到這麼多的薪水，主要是因為他跟人相處的本領。「我認為，我能把下屬鼓舞起來的能力，是我擁有的最大資產，而使一個人發揮最大能力的方法，就是讚賞和鼓勵！」他說，「再沒有比上司的批評更能抹殺一個人的雄心了。我從來不批評任何人。我贊成鼓勵別人工作，因此我急於稱讚，討厭挑錯。如果我喜歡什麼的話，就是我誠於嘉許，寬於稱道。」

管理者應當找出下屬的優點，給他們誠實而真摯的讚美。他們必定會咀嚼你的話語，把它們視為珍寶，一輩子都在重述它們——即使你忘了他們之後，也許他們還在重複著。所以請記住這條原則：熱情、真心的讚美下屬、欣賞下屬是管理好下屬的妙招。

年利潤十億美元的美國瑪麗・凱化妝品公司老闆瑪麗・凱說過：「有兩件東西比金錢更為人們所需要——認可和讚美」。金錢可能是提高下屬積極性的有力工具，但讚美可能更有力，因為它喚起了下屬的榮譽感，責任感和自尊心，下屬的價值得到了認可和重視，會產生「士為知己者死」的神聖感情，他們會更加努力地工作，然而它的「成本」卻十分「低廉」，所以說讚美不但是一種最好的，而且是花費最少收益最大的管人方法。

實際上，每個人都渴望得到認可和別人的讚美，無論是身居高位的人，還是地位卑微的人；無論是剛進公司的年輕人，還是即將退休的老員工，概莫能外。人們普遍地容易接受那些讚美他們優點的人。

知道了讚美的巨大力量，管理者就應該不必吝惜讚美，不妨自然大方地讚美下屬。只要發現工作突出，立刻不失時機地給予讚美，不見得非是做出驚天動地的大事。對提批評意見的下屬，即使提的不正確，也可以讚美他對公司的責任感。如果留心，就會發現每個下屬都有優點，都值得讚美。

同時，管理者在讚美時，注意要以非常公開的方式對下屬進行表揚。一位企業家說：「如果我看到一位下屬傑出的工作，就會衝進大廳，讓所有其它下屬都看到這個人的成果，並且告訴他們這種工作的傑出之處，這樣也可以當作激勵機會。」這是一個很好的導向，每個下屬要想獲得讚美，必須好好地工作。

另外，讚美下屬要注意真誠和客觀。要發自內心地讚美下屬，語言、表情是很嚴肅認真的，不能給下屬以造作之感。讚美本身雖是好意，但不著邊際、不關痛癢的讚美不會產生積極的效果，只有下屬應該得到讚美的時候才讚美，下屬心中才會感到無限喜悅，當事人認為自己不值得讚美而被讚美時，其作用往往是相反的。

獎勵有功者是拉攏人心的好方法

業務精英做出一些令管理者引以為榮的事情，這時管理者應及時的給他們喝彩，提高業務精英的積極性，讓他們更加努力和做好每件工作。否則，業務精英的努力得不到管理者的讚美與肯定，那麼他們還會努力的為你工作嗎？你還有什麼績效可談？上司又會對你有什麼樣的看法呢？

美國的有家公司是發展迅速、生意興隆的大公司，這個公司辦有一份深受業務精英歡迎的刊物《喝彩‧喝彩》。《喝彩‧喝彩》每月都要透過提名和刊登照片對工作出色的員工進行表揚。

這個公司每年的慶功會更是新穎別緻：受表彰的業務精英於每年八月來到科羅拉多州的維爾，在熱烈的氣氛中，一百名受表彰的業務精英坐著纜車來到山頂，領獎儀式在山頂舉行，慶功會簡直就是一次狂歡慶典。然後，在整個公司播放，攝影師從頭到尾錄影慶功會的全部過程。工作出色的業務精英是這種歡迎、開心和熱鬧場面中的中心人物，他們受到大家的喝彩，從而也激勵和鼓舞全體業務精英奮發向上。

美國一家紡織廠激勵業務精英的方式也很獨特。這家工廠原來準備給女工買些價錢較貴的椅子放在工作台旁休息用。後來，老闆想出了一個新花樣：規定如果有人超過了每小時的生產定額，則在一個月裡她將贏得椅子。獎勵椅子的方式也很別緻：工廠老闆將椅子拿到辦公室，請贏得椅子的女工進來坐在椅子上，然後，在大家的掌聲中，老闆將她推回工廠。

美國的一些公司，就是這樣以多種形式的表揚和豐富多采的慶祝活動，來激發業務精英的積極性和創造精神。

這兩家公司都能注重運用榮譽激勵的方式，進一步激發業務精英的工作熱情、創造性和革新精神，從而大大提高了工作的績效。榮譽激勵，這是根據人們希望得到社會或集體尊重的心理需要，對於那些為社會、為集體、為公司作出突出貢獻的人，給予一定的榮譽，並將這種榮譽以特定的形式固定下來。這既可以使榮譽獲得者經常以這種榮譽鞭策自己，又可以為其它人樹立學習的榜樣和奮鬥的目標。因而榮譽激勵具有巨大的社會感召力和影響力，能使公司具有凝聚力、向心力。

凡是有作為的公司管理者無不善於運用這種手段激發其下屬的工作熱情和鬥志，為達到特定的目標而作出自己的貢獻。

業務精英工作勤懇賣力，使老闆的公司蒸蒸日上；業務精英為你的事業作出了突出貢獻，那麼作為管理者，你千萬不要吝惜自己的腰包，要不失時機地給他們以金錢獎勵，大獎明獎，小獎暗獎，讓他們感覺到，自己的努力沒有白費，多付出一滴汗水就會多一分收穫。

獎勵可分明獎及暗獎。目前台灣公司大多實行明獎，大家評獎，當眾評獎。明獎的好處在於可樹立榜樣，激發大多數人的上進心。但它也有缺點，由於大家評獎，面子上過不去，於是最後輪流得獎，獎金也成了「大鍋飯」了。同時，由於當眾發獎容易產生嫉妒，為了平息嫉妒，得獎者就要按慣例請客，有時不但沒有多得，反而倒貼，最後使獎金失去了吸引力。

外國公司大多實行暗獎，管理者認為誰工作積極，就在薪資袋裡加發獎金或另給「紅包」，然後發一張紙說明獎勵的理由。

暗獎對其它人不會產生刺激，但可以對受獎人產生刺激。沒有受獎的人也不會嫉妒，因為誰也不知道誰得了獎勵，得了多少。

其實有時候管理者在每個人的薪資袋裡都加了同樣的獎金，可是每個人都認為只有自己受了特殊的獎勵，結果下個月大家都很努力，爭取下個月的獎金。

鑑於明獎和暗獎各有優劣，所以不宜偏執一方，應兩者兼用，各取所長。比較好的方法是大獎用明獎，小獎用暗獎。例如年終獎金、發明建議獎等用明獎方式。因為這不易輪流得獎，而且發明建議有據可查，無法吃「大鍋飯」。月獎、季獎等宜用暗獎，可以真真實實地發揮刺激作用。

當每個員工都想成為業務精英的時候，你就能管好手下這些人了。

要掌握好獎與懲的時機和方式

懲與獎，是打拉原則的直接套用，對於管理者而言這裡面可謂學問多多，圍繞獎懲做好打與拉的文章，便能寫出一篇建立人脈的文字。

管理者應當掌握哪些獎懲原則呢？

1、獎勵的原則

獎勵，是指對某種行為進行獎賞和鼓勵，促使其保持和發揚某種作用和作為，獎勵的方法是多種多樣的，一般分為物質獎勵和精神獎勵，以及兩種獎勵的結合。物質獎勵滿足人們的生理需要，精神獎勵滿足人的心理需要。為了增強獎勵的激勵作用，實行獎勵時應注意下列技巧性問題：

◎物質獎勵和精神激勵相結合：進行獎勵，不能以為「金錢萬能」，也不能以為「精神萬能」，應當把物質獎勵和精神激勵相結合。

◎創造良好的獎勵氣氛：要發揮獎勵的作用，就要創造一個「先進光榮，落後可恥」的氣氛。在獲獎光榮的氣氛下獎勵，能使獲獎者產生榮譽感，更加積極進取。未獲獎者產生羨慕心理，奮起直追。而在平淡的氣氛下獎勵，降低了獎勵在人們心目中的地位，很難發揮激勵作用。

◎及時予以獎勵：這不只有能充分發揮獎勵的作用，而且能使員工增加對獎勵的重視，過期獎勵成了「馬後炮」，不只有會削弱獎勵的激勵作用，而且可能使員工對獎勵產生冷淡心理。唐代著名的政治家柳宗元認為「賞務速而後有勸」，他主張「必使為善者，不越月逾時而得其賞，則人勇而有焉」。他說的「賞務速」就是獎要及時的意思。同時，獎勵要及時兌現，取信於民。「信」是立足之本，言而無信，當獎不獎，員工就會感到受騙，從而產生反感情緒。

◎獎勵要考慮受獎者的需要和特點：獎勵只有能滿足受獎者需要，才會產生激勵作用。因此，獎勵者應注意了解受獎者需要什麼，不需要什麼，根據不同需要給予不同獎勵。

2、懲罰原則

懲罰的作用在於使人從懲罰中吸取教訓，消除某種消極行為。懲罰的方法也是多種多樣的，如檢討、處分、經濟制裁，法律懲辦等。懲罰作為一種教育和激勵手段，本來是一般人所不歡迎的，因為它不是人們的精神需要，如果掌握不好，則容易傷害被懲罰者的感情，甚至受罰者為之耿耿於懷，由此消極和頹唐下去。但是，只要我們講究懲罰的藝術性，不僅可以消除懲罰所帶來的副作用，還能夠收到既教育被懲罰者又教育了別人，化消極因素為積極因素的效果。實行懲罰要注意以下幾點：

◎懲罰與教育相結合：懲罰的目的是使人知錯改錯，棄舊圖新。因此，要把懲罰和教育結合起來。這個結合的常用公式是「教育——懲罰——教育」。就是說，首先，要注意先教後「誅」，即說服教育在先，懲罰在後，使人知法守法，知紀守紀。這樣做可以減少年犯錯誤和違紀行為，即使犯了錯誤，因為有言在先，在執行法紀時，也容易認識錯誤，樂於改正。如果不教而「誅」，則人們就會不服氣，產生怨氣。其次，要做好實施懲罰後的思想教育工作，使他正確對待懲罰，說明他從犯錯誤中吸取教訓，改正錯誤。

◎一視同仁，公正無私：懲罰對任何人都要一視同仁，要以事實為依據，以法律為準繩，不能感情用事。對同樣過錯，不能因出身、職位、聲譽和親疏緣故而處理不一，表現出前後矛盾，甚至輕錯重處，重錯輕處。這樣的懲罰只會渙散人心，鬆懈鬥志，毫無激勵的價值。要做到公正無私，首先要「懲不畏強」。不能欺軟怕硬，懲弱怕強。要勇於碰硬，特別對於那些逞兇霸道、蠻不講理之徒，要拿出魄力，看準「火候」，勇於懲治那些害群之馬。這樣做，能夠警醒一批協從者，教育一些追隨者，使廣大正直的人們為之拍手稱快，衝勁倍添。其次，要「罰不避親」。要做到「親者嚴，疏者寬」，對於親近者的過錯更要果斷而恰如其分地處理，不徇私情，必要時要「大義滅親」。只有這樣，才能贏得群眾的擁護，從而激起人們的工作熱情。

◎掌握時機，慎重穩妥一旦查明事實真相就要及時處理，以免錯過良機，造成更大危害。適時是指掌握恰當的時機。什麼是懲罰的最佳時機呢？其一，事實已查清，問題性質已分清；其二，當事人已冷靜下來，對問題有所認識；其三，其錯誤的危害性已為群眾所意識到。具備這三個條件，就是懲罰的恰當時機。這三個條件要靠懲罰者去創造，不能消極等待時機。懲罰，還應注意穩妥，不能一味強硬處理，有的適當放一放，以免激化矛盾。特別是對一個人的首次懲罰，更要慎重穩妥，要十分講究方式、方法。當然，也不能久拖不行，否則，時過境遷，就會降低懲罰的效果。

◎功過分明：功與過是兩種性質完全不同的行為要素。功就是功，過就是過，不能混同，也不能互相抵消。因此，在實施激勵時，有功則賞，有過必罰，功過要分明。決不能因為某人過去工作有成績或立過功，而對他所犯的錯誤姑息遷就，用所謂以功抵過的方式處理。這樣做對他自己、對集體都沒有好處，只有害處。同樣，也不能因為一個人有了錯誤，而一筆抹煞他過去的成績，或對他犯錯誤後所做的成績不予承認，不予獎勵。這樣做也是不利於犯錯誤者進步的。對於一個人犯錯誤以後做出的成績，更應注意給予肯定和獎勵，這樣才能使他們看到自己的進步。

建立一個高效的激勵系統

在管理者的日常管理中，普通員工占大多數，他們與管理者一樣肩負著重任。如果沒有他們的辛勤工作，企業就不可能興旺發展。提高他們的工作積極性可以說是管理工作的重中之重。

然而，在這些員工與管理者之間卻存在著很深的隔閡。員工認為自己的工作吃力不討好、單調乏味、毫無前途，自己又何必賣力做呢。而在上級眼裡，這些員工的技能低、流動率高、職業道德差，所以根本不值得花精力培養他們。

在企業中，普通員工中普遍存在的消極行為共有七個類型：

1、未能達到最低的工作要求。

2、對別人和自己缺乏尊重。
3、不能界定自己的職責。
4、合作精神差。
5、溝通水準低。
6、行為情緒化。
7、對工作的承諾較低。

許多管理者和培訓師最經常提到的一句話是「他們缺乏職業道德」。但是實際上並非如此，大多數普通員工非常渴望在工作中有所建樹，並且希望其工作表現能有助於個人發展。

雖然大家都表示希望透過工作來改善生活和發展事業，但受訪人群卻認為，就現有的工作而言，即便做得再好也是徒勞無益。

是什麼原因使這些普通員工放棄自己的目標、工作表現較差甚至不達目標呢？調查結果顯示，原因大致有幾種：

1、同事偷懶不出力，工作分配不均。

2、上司壓制。

3、不敢勝過同事。

4、員工流動率高。

5、同事間缺乏相互尊重。

6、缺乏上司的賞識。

7、缺乏自我控制。

那麼，管理者如何才能將員工內心的想法轉換為工作動力呢?強化工作動機就可以誘發員工的工作熱情與努力，改善工作績效。這裡要強調的是管理者所做的一切努力只是一個誘發的過程，能真正激勵員工的還是他們自己。

要衝破員工們內心深處這道反鎖的門，你就必須要好好地謀劃一番，為激勵建立一個高效的系統。

1、有效性的標誌

一個有效激勵系統至少要符合下列原則：

◎簡明。激勵系統的規則必須簡明扼要，且容易被解釋、理解和把握。

◎具體。只有說「多一點」或者說「別出事故」是根本不夠的，員工們需要準確地知道到底希望他們做什麼。

◎可達到。每一個員工都應該有一個合理的機會去贏得某些他們希望得到的東西。

◎可估量。可估量的目標是制定激勵計劃的基礎，如果具體的成就不能與所花費用連絡起來，計劃資金就會白白浪費。

2、步驟與要旨

一個高效激勵系統的建立，會為管理人員省下大量的時間。你再也用不著為員工低效率的工作而擔心，也用不著費神向他們解釋何謂「主人翁」。因為每個人心中都有一面明鏡，成績是鐵的事實，耕耘必有收穫。一個有效的激勵系統的建立過程大致分為如下步驟：

◎制定高的工作績效標準。平庸的人所定的標準是很難產生卓越成就的，低標準往往會滋生出「自我滿足」的不良傾向，高標準也並不意味著高不可攀，主要是要讓所有的員工明白目前的工作不是最優秀的，沒有什麼了不起。

◎建立起準確、可行的工作績效評價系統。工作績效的評價，必須著重於工作規範與工作成果的評價標準。標準的制定一定要符合實際，依據工作目標，對員工進行審核。同時這種標準一定是針對團隊而非特定為某個人訂立的。當工作原則有變更時，注意要重新檢查、核對績效評價標準，而且，只要有必要，就必須逐一再做檢查、核對。

◎訓練對工作績效的評價技巧以及與各級管理者上請下達的溝通藝術。績效評價的效果是如何直接與員工的薪資、報酬有關的，這是個非常敏感的問題，所以你必須要注意這裡的藝術與技巧。管理者的行為舉止的最終目標在於激勵，而非激怒，所以績效評價也應該是往積極的方向努力。對於優秀的工作績效，除了對員工進行讚美、褒獎之外，更關鍵的是讓他明白組織對他的重視與珍惜，從而使他產生一種神聖的使命感。對於低的工作績效，必須給予批評，但必須是善意的、建設性的，是就工作而言，而非人身攻擊。

◎制定一個範圍較寬的提高工作績效的指標，這會使激勵系統更具有可行性。這些指標將會使所有的人立刻意識到存在的不足與改進的方向，學會自我績效的管理。

◎將獎勵與工作績效緊密相聯，這裡的要點是緊密，管理者要使員工們深切體會到兩者關係的密切。對員工績效的評價最終都應在獎勵上找到對應的坐標，哪怕獎勵是微不足道的，也要「永遠不渝」地進行。因為這樣做，會使員工們認識到確實有什麼東西值得自己去努力一番。管理者可以根據需要，按步驟建立起高效的激勵系統。

提高員工們的積極性

贏得員工合作的最佳方式之一，是為他們指明一個奮鬥的目標和方向。如你能為他們激發一個興奮點，他們將死心塌地追隨你。

員工工作積極性的高低，將直接影響到他們的工作結果。每位管理者都應想盡辦法來提高手下員工的積極性。

1、激發員工的興奮點

在美國經濟處於大蕭條谷底的二十世紀三〇年代，美國一個比較小的宗教組織為了擺脫困境，透過在密蘇里州建總部大樓，在信徒中激起了一個興奮點。結果不但完全由信徒捐募建成了這個大樓，組織也獲得了很大發展。但是，總部建好之後，美國經濟雖已復甦，教派卻很快衰落了。為何會這樣呢？因為「大樓」一建成，人們的興奮點也消失了，他們不再有一個可見的目標去追求，教派領導人沒能為追隨者找到一個新的可達到的興奮點。

敘述這個非商業的激發起興奮點的例子，是出於兩個原因：首先，在你激發的第一個興奮點的目標已達到後，你必須立即激發起另一個新的興奮點。其次，目標應是像「大樓」一樣看得見的。無形的目標太抽象和不明確，普通的成員會視而不見。

2、讓三個人做五個人的事

最合理的管理是：三個人做五個人的事，領四個人的薪水。這是一個最簡單的數學題，連小學生都能告訴你正確答案。但這又並不簡單：什麼樣的三個人才能做五個人的事？什麼樣的五個人做的事三個人就能完成？這三個人領的又是什麼樣的四個人的薪水？其中大有學問。

一般的企業總是五個人做五個人的事，大家的工作量都不是很重，領的薪水也合乎所求，員工做起事來沒什麼精神；而管理差一點的企業，五個人做三個人的事，領的卻是四個人的薪水，一方面造成公司的損失，另一方面員工也會因為這樣也是上八小時的班，領的薪水少而不開心。

所以，如能仔細地規劃，將工作分類，職責細分，讓三個人能夠做五個人的事，那麼企業即使發四個人的薪水也划算得多，員工領的薪水多，也有激勵作用。

3、薪資低會影響衝勁，但薪資高未必會提高階幹部的衝勁

許多管理者認為只要提高薪資，員工就會認真工作，就會有衝勁，受到激勵。其實，並沒有這麼簡單。

使人產生衝勁的是促進因素與保障因素。前者有促進作用，令人提高工作成績；後者雖然發揮不了直接作用，但它可以維持工作士氣和效率。兩者是地基和房屋的關係。

保障因素是地基，它內含薪資、僱用保障、工作條件等。如這些條件差，員工的慾望就會急劇下降。寄希望於待遇提高後員工就會努力工作，結果並不一定很好。好不容易將薪資提高了，建立了完善的宿舍，工作條件大為改善，但員工衝勁仍提不起來，哀嘆這種情形的管理者委實不少。因為只有有保障因素而缺乏促進因素仍發揮不了作用。

4、六分表揚四分批評

要切實履行一個管理者應盡的職責，工作成績好就表揚，不好就批評。要做到該表揚的當面親口表揚，該批評的明確給予批評，因為它表明瞭一個管理者對員工行為的評價尺度。假若員工做得出色，而管理者無動於衷；做得不好管理者也毫無反應。

那麼，這種麻木不仁的管理者是無法帶領員工奔向成功之路的。只有當管理者對員工的所作所為做出明確反應，一個部門才能夠有一個蓬勃向上的局面。

至於表揚與批評的比例問題，一般認為六分表揚、四分批評效果會更好些。如果批評分量過大，很可能導致消極空氣蔓延；而一味表揚，員工則會產生驕氣，有時甚至會產生誤解，認為管理者在給自己戴高帽，用吹捧的方法來滿足大家的虛榮心，久而久之也會引起反感。當然，這還要看一個部門問題的多少，大家的成熟度如何。但是表揚多於批評不失為一條較理想的原則。

5、「告一段落」之時，與員工共同慶賀成功

當工作告一段落時，如何充分利用新工作開始之前的時間激勵士氣，是做好管理者的一門學問。當完成一項計劃或工作時，一定要召開總結會，交流成功的經驗，提出應該注意的問題，與員工共慶成功，相互激勵，這是不可或缺的。這樣做一方面可以鼓勵員工把下次工作做得更加出色，另一方面透過相互交流，可以進一步強化同甘共苦的一體感，將成功的喜悅轉化成做好新工作的積極性。

對個人的工作也可採取同樣的辦法。例如當委託一名員工去做某項工作時，或在他向未曾嘗試過的工作挑戰告一段落時，作為一名管理者，應和員工單獨談談，以增強其迎接下一個挑戰的信心。

欲使員工充滿信心，要充分利用好一項工作剛剛結束，人們正要喘口氣時這個關鍵時機。因為只有這時，才能使一個管理者同員工共同分享成功的喜悅，完成一項工作的滿足感，從而可以進一步加強自己跟員工之間的信賴關係。

6、反對者的意見才是珍貴的

一位著名的心理學家對多數與少數意見做過有趣的實驗。他選出八名大學生做實驗。先給大家看長短不同的三根線，再給他們看另一根線，問他們這一根線與三根線的哪根線同樣長？八人之中七人事前商量好了一致答錯誤的答案，另一位卻沒有讓他參加事前的協調。大學生們一個接一個地發言：「我認為與這根線一樣長。」而讓未參與協調的那位最後發言。前七個人都照事前講好的錯誤答案發言。連續十六次不同的實驗表明，未參與協調的學生有十二次跟其他七個人的錯誤答案相同或近似。

按自己的觀點提出正確答案的次數只占二十五%，那麼，要抵抗多數派，少數派最少要有兩名。容易影響人的並不是「什麼是正確的」，而是「什麼是多數的」。

7、捨得花時間指導員工

對很多管理者來說，放棄親自做工作帶來的滿足感是很困難的事。但是一個好主管不應該只是自己會做什麼，而應該是讓眾多員工都會做。

一些管理者往往藉口教員工做不如自己親手做來得快，而放棄對員工的培養，這樣做只會把你降低到普通員工的地位，而使你不能承擔更大更多的責任。這是得不償失的，一定要注意克服。

8、讓員工參與決策可以激發他們的積極性

經常發牢騷的人，當他剛加入組織時，不但不發牢騷，還會突然振作起來，很熱心地照計劃去做。如計劃是別人制定的，只讓他來實施的話，就很容易使他產生脫離組織的意識。如果不只有讓其去實施，並讓其參與計劃的制定，就能激發其熱情，提高生產效率。

一些實驗證明，參與計劃的一方比不參與的一方，其生產效益和工作滿足感高。如果自己一個人制定計劃，而把員工視為手腳來使喚，雖然乍看效果不錯，然而事實上卻並非如此。至少要在計劃的完成階段，使員工參與計劃。因為人是比較喜歡參與工作而不喜歡脫離工作的。

9、成為颱風眼

颱風中心通常稱為颱風眼，颱風以颱風眼為中心疾速旋轉向前，席捲著一切。提高員工衝勁，加強動機誘導，建立充滿活力的環境，實際上就是一種氣勢。

要造成這種氣勢，管理者得先使自己成為核心全速運轉，以此帶動大家，形成巨大的能量。這種方法並不難掌握，即使新擔任管理工作的人也能做到。

首先，早晨上班比其它人早一點為好。當看到有人來了，要大聲問候「早安」。工作時要精神飽滿，乾脆利落，在努力做好一項工作的同時，要考慮下段時間要做的工作，從而使工作不間斷地進行。時間空餘時，主動與員工打聲招呼，問問「怎麼樣」，聽聽他們的意見，並到其它部門走走、轉轉。

當眾讚美下屬必須慎重

管理者當眾讚美下屬，從某種意義上講求的是手段而不是目的。

當著大家的面讚美下屬一是為了鼓勵被稱讚的下屬，讓他意識到管理者對他的肯定和讚賞；二是為了給其它人樹立榜樣，鞭策其它人努力工作，做出成績。當眾讚美某一位下屬無疑是駕馭和控制下屬的有效方法。

但是，如果當眾讚美某一位下屬的成績和優點不恰當，就可能引起其它人的不滿，不只有對被稱讚的下屬造成壞的影響，還會損害管理者的威信和形象，激化企業的內部矛盾。所以當眾讚美下屬必須慎重。

第一，當眾讚美下屬要有理有據

當眾讚美一位下屬必須要說服大家，使其它人心服口服，這就要求管理者的話要有據有理。「有據」就是要有事實根據，確鑿無疑，誰也說不出個不字來。「有理」就是要求管理者的話有道理，無可挑剔。「有據」和「有理」必須結合起來才能發揮到教育和激勵的作用。在一個部門的會議上，處長在總結工作時提到發表文章比較多的文森時表揚道：「文森肯動腦子，好鑽研，近來成果很多，發表了八篇文章，其它年輕同事要向人家學習，做些成果出來。」

話音未落，就有一位年輕的部下插話說：「水準不能以文章來定，文章的好壞不能以發表的多少來定。發表文章多並不一定證明水準高，那有可能是文字垃圾多。有的人一輩子就發表一篇或幾篇文章，影響卻大，難道能說水準低嗎？」處長被問了個啞口無言，不得不解釋一番。結果弄得誰也不高興。處長的尷尬不在於他沒有根據，而是有據卻無理，他的表揚也確實站不住腳，經不起推敲，所以其它人心裡不痛快，把他的稱讚給堵了回去。

曾國藩很善於當眾讚美某一位下屬以激勵其它將士。有一次，曾國藩召集諸將議論軍務，他先發言道：「諸位都知道，洪秀全是從長江上游東下而占據江寧的，故江寧上游乃洪逆氣運之所在，現湖北、江西均為我收復，江寧之上，只有存皖省，若皖省克復，江寧則早晚必成孤城。」

此時，一貫沉默寡言的李續賓從曾國藩的話中意識到了下一步的用兵重點，就試探著插話問道：「滌帥的意思，是要進兵安徽？」

「對！」曾國藩見李續賓猜出了自己的意圖，以賞識的目光看了李續賓一眼接著說：「迪庵說得好，看來你平日對此已有思考。為將者，踏營攻寨算路程等等尚在其次，重要的是胸有全局，規劃巨集遠，這才是大將之才。迪庵在這點上，比諸位要略勝一籌。」其它將領也點頭稱是。

上面兩個例子同樣是當眾讚美下屬，一個很不成功，一個則很成功，主要原因有二：一是當眾讚美某個下屬不只有要有事實根據，更要有服人的道理。曾國藩抓住了李續賓的一句話就引申出大將之才的許多道理，事實清楚，道理深刻，誰能不服；二是要善於把握時機，賞不逾時。一旦發現下屬值得表揚的地方，馬上要發掘出表揚的道理當眾表揚，不要拖拖拉拉，也不必要攢到一塊表揚。

因為「夜長夢多」，當其它人看到某人的成績或優點時，嫉妒心可能萌發，為尋求心理平衡可能會攻擊或者尋求達到攻擊別人的目的的手段，所以如果讚美「滯後」，難度可能更大。

曾國藩聽完李續賓的發問後，立即予以大力讚揚，其它人是沒有充分的心理準備的，也只能接受教誨。

第二，當眾讚美某個下屬，不能懷有心計，要有誠意

有的管理者在表揚下屬時，只想著樹立自己個人的威信，收買人心，實際上並沒有表現出欣賞的誠意，無論是被表揚者，還是其它人都像被當猴耍一般，這樣的做法根本不可能使管理者如願。管理者讚美下屬，必須首先自己表示欣賞、表示出誠意。

北魏時太武帝拓跋燾很賞識崔浩，聘他為顧問，並鼓勵他集思廣益、勇於進諫。太武帝還指令歌舞樂工作歌舞歌頌有功之臣，說：「智如崔浩，廉如道生。」在一次數百人參加的酒宴上，太武帝指著旁邊的崔浩，發自內心地讚揚道：「你們看這個人纖瘦懦弱，手不能彎弓持矛，但他胸中所懷的卻遠遠超過甲兵之能。朕開始時雖有征討之意，但思慮猶豫不能決斷，前後克敵獲捷，都是這個人引導我至於今天這一步。」話中不無誠意。

富蘭克林有句名言說：「誠實是最好的政策。」

聰明的管理者在讚美下屬時，最好的方法就是要真誠。太武帝對崔浩的讚美沒有半點虛偽，他平時就非常賞識崔浩，坦誠之情處處可見。

容人之過是一種反向激勵的手段

在任何企業中，都有其嚴格的規章和制度。員工犯了錯怎麼辦？這是擺在每一位管理者面前的難題。若是表現不好的普通員工，簡簡單單的按規定處理還好說，但有的時候，犯錯的偏偏是一貫表現優秀的重要員工。

在企業的市場業務工作中，對人的管理和對錢的管理是非常重要的，「錢」是最敏感的字，有個企業的業務人員為此付出了很大的代價。業務人員一旦碰了這根「高壓線」，不但毀了美好的前途，有可能還會有牢獄之災。一件不良事情的發生，不同的處理方法就可能換來不同的效果和結局。

史密斯在一個規模不是很大的食品公司做業務主管已經四年了，在四年的業務工作中一直勤勤懇懇，好學上進。每年他的銷售業績都是全公司第一名，深受總經理的喜愛和賞識。同時也是其它業務人員學習的榜樣。可是一次他出差異地從客戶那裡拿回公司的貨款時，接到了父親的一個緊急電話，告訴他母親不幸得了直腸癌急需手術，家裡已經盡了全力，也湊不齊手術費，要他想辦法弄錢救命。史密斯此時腦子一片空白，突如其來的噩訊使這個身材高大、遇事從未退縮的年輕人掉下了傷心的眼淚，他沒有多想，狂奔到銀行，從公司貨款裡拿出十萬元寄回了家裡，在匯款單上的留言處寫下了：十萬塊為了救母親急用。

在回公司的路上，史密斯害怕了，身為業務主管的他，十分清楚公司嚴格的財務制度和鐵的銷售紀律。挪用公款是業務人員的大忌，輕則退賠開除，重則是要繩之以法的。四年業務工作中從未出過一分錢差錯的他，不敢再往下想了，似乎已看到了一雙冰冷的手銬擺在了他的面前……在公司總經理的辦公桌上，擺著的是公司的剩餘貨款和一張銀行匯款收據，史密斯和總經理足足談了一個多小時，總經理永遠是一副冷峻的臉，最後總經理說道：「你先休息一下，叫張助理知會業務部全體人員，一小時後開緊急會議。」史密斯心裡想：這一下肯定完蛋了。

當全體業務人員坐在公司會議室時，會場鴉雀無聲，總經理在會上重申了公司嚴格的銷售紀律和財務制度之後，卻向史密斯表示深深的道歉，總經理再三自責，檢討自己對下屬的關心不夠，並告訴大家史密斯家裡出了大事，自己拿出十萬塊錢借給史密斯，並讓史密斯在借條上寫上從每月薪資裡歸還的具體金額。這一下由挪用公款變成了總經理和史密斯私人之間的債權債務的關係，公司的貨款分文未少，交到了公司的財務部。在企業工作四年之久的史密斯，被總經理這種寬容的處事方法深深感動。

第二天，業務部辦公室的牆壁上貼出了兩份新的公告。公告一，《某某總經理向史密斯的致歉信》，大致內容是，由於總經理對下屬的關心不夠，導致史密斯在很急的情況下挪用了公款，主要責任應由總經理承擔，向史密斯和全體業務人員道歉，並希望大家能夠吸取教訓，不能再出現第二次。公告二《業務部門新增加三條措施的規定》，第一筆，從即日起每月的業務工作彙報不只有是產品的銷售量、客戶的管理、市場資訊等情況的彙報與總結，特別增加重要的一項，就是業務人員自身的情況，內含父母親生活狀況，身體狀況，結過婚的人還要內含他們夫妻之間和子女情況的彙報。第二條，從總經理開始，每個人每個月按照薪資的百分比，拿出一定數額的錢，建立一個「愛心」互愛互助基金會，以防範業務人員本身或家庭的突發事情。基金會的會長是由業務人員自己選取，總經理只是一名會員而已。基金的支出需要向大家完全公開。第三條，如果有人因各種原因離開公司，可以按比例取走相應的錢。

整個業務部的全體人員被總經理深深感動，其中有一位說道：「我們公司不大，產品也不是很暢銷，但是我們有可信的公司做依靠，有『愛心』基金做保障，我們沒後顧之憂，只有大家團結一致全身心地投入市場一線去拼搏。」史密斯留下了，業務人員的心更齊了。

充滿誘惑力的「頭銜」激勵

管理者在給下屬「甜頭」時，千萬不要忘了「頭銜」這塊「糖」。榮譽是很多人追求和嚮往的東西。對於榮譽感強的人，管理者可以根據他們各自的成就和需求給予相應的頭銜，以此來激勵他們。

頭銜能刺激人，能鼓勵人們更加努力地工作，也能贏得人們的忠心和熱誠。

三十個不同行業的工會的倡導者、美國勞工協會的締造者塞繆爾・岡珀斯，他在剛剛開始展開工作時，感覺到十分艱難。工人們大部分都是毫無組織的，而當時他既沒有錢，又得不到足夠的外界說明。

有一天，他靈機一動想出了一個計劃。他自己創造設立了一個「民間委任狀」，這個委任狀的主旨是授予那些願意組織工會的人一個榮譽稱號。在一年中，以這種方式被委任的人就有八十人之多。美國勞工協會會員的數目從此開始激增。

沒有幾個領袖能比拿破侖更清楚頭銜的價值了，也沒有人比他更能明瞭人類對於這種極具誘惑力的東西的渴望是多麼迫切了。為了使那些擁護他的人都能牢固地團結在他新創的帝位之下，拿破侖對賞賜毫不吝惜，創立並封賜了許多崇高的頭銜和榮譽。他創製了一種榮譽勛章，並且立刻將一千五百個以上的十字勛章授予他的臣民；他重新啟用了法蘭西陸軍上將的官銜，將這一高位封贈給了十八位將官；同時給優異的士兵授予「大軍」的光榮頭銜。

頭銜儘管是虛的，但它們仍然具有非常特殊的功效。當埃默里·斯托爾斯——一名芝加哥的律師，要求成為內閣成員的時候，這對大總統阿瑟來說，確實是一個很棘手的問題。這個人是一個不可冒犯的實權政治家，但這個人同時又是一個「歪才」，決不能委以重任。於是，阿瑟給了他一個「外交考察專員」的頭銜，這是個位置尊榮有加，而實際上卻無事可做的一個職務。帶著這個光榮的頭銜，斯托爾斯得意洋洋地昂首闊步到歐洲觀光去了。

在紐瓦克的路易斯·班伯格建立的著名商店中，從來沒有用過「員工」二字。他的每一個員工，都被相互尊稱為「同事」。

很多實業界的巨頭們，都為他們那些最得力的下屬，設立了許多頭銜和榮譽稱號。正是基於這一精神，施瓦布創立了「伯利恆鋼鐵公司鑽石十字勛章」，將它們分別授給那些有功於公司的助理，就像威廉大帝賜予德軍將領以鐵十字勛章一樣。在伯利恆鋼鐵公司裡，差不多有一百多人都是施瓦布的勛章公會的會員。這個「鑽石十字勛章」被公認為一種業績優異的標準，長期以來，它是許多公司成員夢寐以求的東西，而那些勛章獲得者則以此為榮。

由此來看，頭銜對人的激勵是非常大的。許多管理者認為，頭銜只是個有名無實的東西，不會發揮多大的作用，事實上，這個小小的管理細節，卻能給你的工作帶來很大的動力，其作用是不可輕視的。

激勵無效就需要找出原因

有不少管理者也知道激勵員工的重要性，並採取了一些激勵的措施。但效果卻不明顯，有時甚至事與願違。

究其原因無非在以下幾個方面：

1、激勵不考核

有的企業管理制度不健全，部門職責權限不清，沒有工作標準，難以對員工進行合理的業績考核。因此，企業業績好的時候，領導者立即就發獎金，誰多誰少，簡單研究一下就敲定。在大多數企業裡，一般是按職位高低劃分獎金層次，主管得到的多，員工得到的少，不做事的也發獎金，使得發了也白發，員工戲稱為「獎金大鍋飯」。

激勵下屬應當有依據，這個依據就是對工作業績的考核。更明確的說，企業應當根據實際情況建立起激勵機制，要讓員工明確工作目標，並且清楚達到目標後能得到什麼回報。這樣才能提高大家的積極性，才能使工作一步一個臺階，使企業不斷發展。

2、重物質輕精神

現實中，有的領導者沒有認真思考和瞭解員工的內心需要，在激勵時不分層次、不分對象、不分時期，都給予物質激勵。形式太單一會造成激勵的邊際效應逐年遞減。領導者責怪員工要求太高，員工們則抱怨激勵太單調，結果企業費時、費財，員工們仍是不滿意。顯然，重物質輕精神不行，重精神輕物質也不行。作為領導者切記：在激勵時必須將物質與精神結合，必須在形式上豐富多樣，這樣才能保證達到激勵效應動態化、放到最大。因此，一是要分析和瞭解員工最需要什麼；二是要想盡辦法有針對性去滿足他，形式是不固定的，可以靈活多樣。

3、汽車房子留人才

目前，有不少企業在做人才攀比，甚至人才高消費，動輒汽車或房子，試圖以此來留住人才。雖然不能完全否認企業採取這些激勵措施可以留住一些人才，但這肯定不是充分的條件，因為也有很多企業採用了這些激勵措施而沒能留住人才。留住人才不要只注重外在形式，過高的物質投入會造成人才趨高的心理，反而留不住人才，越留越跑，有時連企業的技術、市場一塊帶跑，使企業陷入困境，使決策者陷入困惑。

對員工的激勵應當把形式與內容結合起來。企業要在保證人才有較高收入的情況下，提供較好的用人環境和機制，讓人才有真正的用武之地。只有有高投入不行，這樣會讓員工心裡發虛，或引發員工無止境地追求物質利益。

4、輪流坐莊來維持平衡

有些企業每年都要進行評獎或評選先進活動，儘管企業在總體上提出了評選的條件和要求，但往往都要附加名額指派，即各部門必須根據本部門員工數量按一定的比例來展開評選活動，這就難以做到真正拿標準來衡量，結果出現這種見多不怪的現象：按標準可能誰也不夠格，按比例還得評出個先進。於是大家輪流坐莊，今年我當，明年你當。幾年後回過頭來一看，幾乎都當過先進或獲過獎，年年如此，激勵將不再讓人動心。

評選先進輪流坐莊，評選系統缺乏科學規範，評選結果反映不了真實情況，使得評選先進失去了其應有的意義。解決的辦法就是建立合理的激勵機制，根據職務的情況和工作標準來考核是否夠標準，同時還要考慮到滿足當今員工多樣化需求，達到激勵多樣化。

5、士氣低落才激勵

領導者一般都專注於處理大事或緊急事務，總覺得激勵是一般性的事務，無須花太多的精力。因此，將其擱置一邊，直到感到士氣低落時才想起激勵，但已經來不及了。這時為激勵員工所花費的時間、財力等成本要比原來大得多，效果也不會好。眾所週知，在人為的健康問題上，一分預防勝過十分治療，激勵也不例外。不要等到員工的士氣失去後才去珍惜它，激勵應如長流水。

領導者要想不陷入激勵陷阱，就得像關心生產、關心市場一樣來關心員工的激勵問題。激勵同樣需要科學，需要規範，也需要技巧。

不能用平均主義

獎賞作為一種激勵員工的手段，其作用是不言自明的，但是獎賞不能用平均主義，卻是許多領導者所不能理解的。

某一家報業公司業績蒸蒸日上，老闆十分高興，對員工給予表彰並加薪。

但過了一段時間，老闆發現業績反而不如以前了。他覺得很奇怪，經過調查，發現公司裡的中高階管理人員和編輯心懷不滿，而排版、校對等工人消極怠工。老闆向專家諮詢。專家向老闆詢問了加薪和表彰的情況，終於了解了問題所在。原來，報業公司的業績上升主要是中高階管理人員和編輯努力的結果，老闆表彰時一概加以表揚，給中高階人員的加薪額與其它人員加薪額之比為四：三。這樣一來，真正立功的人員覺得自己白做了，沒有得到相應報酬；而沒立功的人認為不用好好做也能漲薪資，衝勁自然不足了。

在許多企業中，管理者對下屬評價過鬆，幾乎每個人都獲得過不同程度的獎賞，優秀的工作人員則無法脫穎而出。過多過濫的獎賞降低了應有的「含金量」，也失去了應有的意義。還有，表現出色的人如果沒有獲得一定的實際利益，獎賞也同樣毫無意義，下屬的工作熱情就會消退。大家都賞實際上等於誰都沒賞。

管理者必須區別每個員工的工作好壞，給予不同的人以不同的評價和物質待遇。你可以要求下屬們互相注意各自的表現，判斷各自獲得的評價是否公正。不公正的評價，不論是過高還是過低，都會打擊下屬的積極性，降低上司的信譽。上司也就失去了影響他們的力量。

一定不要讓獎賞氾濫，要勇於實事求是，褒獎得宜。如果你能對下屬的工作表現隨時記錄的話，這其實不成問題。說到底這還是長期以來由於制度沉澱下的心理在作怪。

在相當長的時間裡，有些國內企業一直遵循著平均主義的指派原則，也就是所謂的「吃大鍋飯」。即使今天，這種現象還部分存在。平均主義貌似能發揮到減少指派中的矛盾衝突，容易使員工產生心理平衡，維持團結局面的作用，但它忽視勞動品質的差異、滋長每人有份的平均主義思想，無法激發員工的積極性，使有能力的人難以脫穎而出，弊端是十分明顯的，所帶來的隱患也非常嚴重。

弊端之一：削弱了管理者的權力，使管理者用人困難。公司企業的職務總是有差別的，有的職務勞動強度大一些，有的職務勞動強度小一些；有的工作難度大，有的工作難度小；有的技術要求高一些，有的技術要求低一些。這些差別不能在指派中表現出來或得到補償，勢必造成管理者用人中出現實際困難。即使指派下去了，人心不順，對工作常常抱怨，也會加重管理者的工作難度，削弱管理者的威信，造成實施主管的困難。

弊端之二：難以提高員工的積極性，使能人變成庸人。某甲非常能幹，工作認真負責，技術優異，若是實行計件工作，一個人能做兩個人的工作。可是，該廠實行平均主義，多勞不會多得。於是某甲工作時，常常瞻前顧後，別人做多少活，他就做多少活，他做得不多也不少，差不多就行了。久而久之，這位非常能幹的人變成個「差不多」先生。這種情況在目前也並不少見。

弊端之三：指派不公平，有本事的員工紛紛跳槽。公司企業不能表現多勞多得的指派原則，能幹的人的價值不能得到承認，勞動不能給予相應的回報，能人自然要往高處走，找一個能達到自身價值的地方。能人跳槽的跳槽，即使沒有跳槽也變成了庸人。沒有人才，企業公司何談發展。

弊端之四：勤懇的人變懶人，員工缺乏責任心。在平均主義的指派原則下，員工所得的報酬是做多做少一個樣，做好做壞一個樣，薪資和獎金發揮不到獎勤罰懶的作用，員工的工作表現主要是依靠員工的自覺性。然而用這種自覺性來維持工作熱情的作用是極其有限的。員工中總會有一部分人自覺性很差，雖然他們在公司的數量不多，但影響極壞。他們可能尋找一切機會翹班、偷懶，找個藉口晚來一會兒，早走一會兒。對於工作，能磨蹭就磨蹭，能拖延就拖延，能讓別人做，就讓別人去做，自己落個清閒自在，反正到月底、年終我一分不少拿，何樂而不為呢？像這樣做的人，最初可能是少數幾個人，但這種人的影響是極壞的。一些人可能跟著學，另一些人雖然不效仿他們，但心裡有怨氣，工作自然散漫一些。員工越來越懶惰，責任心越來越差，長此以往，公司不垮才怪呢！

金錢激勵與精神激勵相結合

高薪是激勵員工的有效手段，但顯然，只有是高薪不能解決一切問題，只有虛實相間，才能把虛和實的效用都發揮到最大。

在現實當中，管理者透過提高薪水來打消員工的不滿或者期望給予激勵的做法屢見不鮮。那麼，在所有能夠對員工產生激勵的因素裡，薪酬究竟處在怎樣的位置？

不妨先來看一看金錢激勵的幾個特點：

1、邊際效益遞減

邊際效益遞減是指：假設用同等數量的金錢不斷對同一個人進行激勵，那麼它產生的效果會越來越小。反過來說，要得到同樣的滿足感，需要的金錢一次比一次多。看一個小例子：

月薪是三萬元時，給你加薪三千元，調薪幅度是一〇%，你的感覺是：超乎想像、受寵若驚、絕對滿意。

月薪是四萬元時，給你加薪三千元，調薪幅度是七．五%，你的感覺是：超出預期、很開心、比較滿意。

月薪是五萬元時，給你加薪三千元，調薪幅度是六%，你的感覺是：我應得的、順理成章、沒有滿意也不會不滿。

月薪是七萬元時，給你加薪三千元，調薪幅度是四．二%，你的感覺是：少了點，我就這麼不值錢嗎？可能不會發牢騷，但肯定不會很滿意。

月薪是八萬元時，給你加薪三千元，調薪幅度是三．七%，你的感覺是：才加薪三千元而已，開我玩笑嗎？

不難看出，當一個人月薪八萬元的時候，三千元的加薪已經沒什麼效果可言了。相反的，這時要想產生月薪三萬元時三千元的加薪帶來的滿足感，你可能要付出五萬元、七萬元甚至更多的薪水。

2、短時性

金錢激勵（特別是小額激勵）帶來的效果通常難以持久，你很少看到有人在加薪半年後還像上緊的發條一樣充滿能量。別說半年，效果能持續兩個月就很難能可貴了。加薪帶來的激勵總是在短時間內奏效，然後隨著時間的推移趨於平淡，直到下一次加薪的來臨，從這個角度而言，金錢激勵只能治標，難以治本。

3、不經濟性

這主要表現在兩個方面：一方面，大幅度的金錢激勵雖然可以獲得所期待的激勵效果，但如果付出的代價太大，以至於超過了激勵所帶來的回報，從企業的角度講這種做法是不經濟的。另一方面，由於薪資剛性，薪水的提高很容易，但下降卻很困難，如果給下屬加薪後你發現沒有達到預期效果轉而給下屬降薪，那會給下屬的熱情和士氣帶來極大的打擊，相應的，下屬的績效也會跟著大受影響。所以，總體來說金錢激勵的做法是不經濟的。

4、陷入惡性循環

透過上面的三點不難理解，如果只有有金錢激勵一種手段，那麼每一次的加薪都無法在長時間內取得預期的效果，並且會迫使下一次加薪更快來臨，如此不斷循環，整個企業的業績難有質的改善，薪資成本卻越來越高，直到有一天入不敷出。

所以，單純的金錢激勵是一種「自殺性」的惡性循環，是一條無休止的無間之路。

其實，赫茲伯格的雙因素理論已經闡明瞭這一點。他認為：每個人都會在自己的工作中尋求滿足自己特定的基本需要，從而不會引起自己的不滿。這些基本需要被稱為保健因素，內含工作條件、安全、薪酬、福利等等，缺少這些因素會引發對工作的不滿，但他們的存在並不具備真正的激勵的作用；真正的激勵因素，內含成就、對成就的認可、工作本身、責任和晉升，這些才是真正驅動員工獲得成功的動力所在，也是管理者應該追求的。

當你的大部分員工在享受你的激勵而非無動於衷的時候，你就可以拿出更充足的資金使自己員工的薪酬待遇具有競爭力。如此一來，激勵因素又鞏固了保健因素，與金錢激勵相比，「自殺」變成了「自救」，惡性循環變成了良性循環，這才是真正成功的管理之道。

▶ 問題解決了嗎？：讓庸才變天才的管理技術 （讀品讀者回函卡）

■ 謝謝您購買本書，請詳細填寫本卡各欄後寄回，我們每月將抽選一百名回函讀者寄出精美禮物，並享有生日當月購書優惠！
想知道更多更即時的消息，請搜尋"永續圖書粉絲團"

■ 您也可以使用傳真或是掃描圖檔寄回公司信箱，謝謝。
傳真電話：（02）8647-3660　　信箱：yungjiuh@ms45.hinet.net

◆ 姓名：　　　　□男 □女　　□單身 □已婚

◆ 生日：　　　　□非會員　　□已是會員

◆ E-Mail：　　　　電話：（　）

◆ 地址：

◆ 學歷：□高中及以下 □專科或大學 □研究所以上 □其他

◆ 職業：□學生 □資訊 □製造 □行銷 □服務 □金融
□傳播 □公教 □軍警 □自由 □家管 □其他

◆ 閱讀嗜好：□兩性 □心理 □勵志 □傳記 □文學 □健康
□財經 □企管 □行銷 □休閒 □小說 □其他

◆ 您平均一年購書：□ 5本以下 □ 6～10本 □ 11～20本
□ 21～30本以下 □ 30本以上

◆ 購買此書的金額：

◆ 購自：　　　　市(縣)
□連鎖書店 □一般書局 □量販店 □超商 □書展
□郵購 □網路訂購 □其他

◆ 您購買此書的原因：□書名 □作者 □內容 □封面
□版面設計 □其他

◆ 建議改進：□內容 □封面 □版面設計 □其他
您的建議：

剪下後傳真、掃描或寄回至「22103新北市汐止區大同路三段194號9樓之1讀品文化收」

廣　告　回　信
基隆郵局登記證
基隆廣字第 55 號

2 2 1-0 3

新北市汐止區大同路三段 194 號 9 樓之 1

讀品文化事業有限公司　收

電話/(02)8647-3663　　傳真/(02)8647-3660

劃撥帳號/18669219　　永續圖書有限公司

請沿此虛線對折免貼郵票或以傳真、掃描方式寄回本公司，謝謝！

讀好書品嘗人生的美味

問題解決了嗎？
：讓庸才變天才的管理技術